高等职业教育教材

单片机应用技术项目化教程

姚晓平　主　编
张　平　副主编

電子工業出版社.

Publishing House of Electronics Industry

北京 · BEIJING

内 容 简 介

本书以 51 系列单片机为主体，共设置了 5 个项目 14 个任务，通过对霓虹灯的设计与制作，电子钟的设计与制作，测量仪表的设计与制作，通信口应用与控制的设计与制作，微波炉控制系统的设计与制作任务的讲解，实现从产品概念、设计、制作的全过程训练。结合大量的软、硬件实例详细介绍单片机应用的基础知识和条件。本书以 C 语言作为编程语言，全部实例都经 Keil C51 和 Proteus 软件仿真，项目实例都经实际制作验证，另有与本书配套的《单片机技术技能操作和学习指导》一书，特别适合自学，使读者在实践中掌握学习的技巧，了解单片机应用的方法。更多详细内容参见精品课程网站 http://jpkc.njevc.cn/dpj/index.asp。

本书在编写时力求通俗、易懂，知识以有用、够用为原则，内容以实践为特色。所以，本书适合零起点的初学者，可作为高职高专及中等职业院校的单片机教材，也可作为电子爱好者及各类工程技术人员的参考书。

图书在版编目（CIP）数据

单片机应用技术项目化教程 / 姚晓平主编 . —北京：电子工业出版社，2012.8

ISBN 978-7-121-17472-8

Ⅰ. ①单⋯　Ⅱ. ①姚⋯　Ⅲ. ①单片微型计算机—中等专业学校—教材　Ⅳ. ①TP368.1

中国版本图书馆 CIP 数据核字（2012）第 140011 号

策划编辑：施玉新
责任编辑：郝黎明　　文字编辑：裴　杰
印　　刷：北京虎彩文化传播有限公司
装　　订：北京虎彩文化传播有限公司
出版发行：电子工业出版社
　　　　　北京市海淀区万寿路 173 信箱　邮编　100036
开　　本：787×1 092　1/16　印张：11.75　字数：300.8 千字
版　　次：2012 年 8 月第 1 版
印　　次：2024 年 2 月第 13 次印刷
定　　价：24.00 元

凡所购买电子工业出版社图书有缺损问题，请向购买书店调换。若书店售缺，请与本社发行部联系，联系及邮购电话：（010）88254888，88258888。

质量投诉请发邮件至 zlts@phei.com.cn，盗版侵权举报请发邮件至 dbqq@phei.com.cn。

本书咨询联系方式：syx@phei.com.cn。

前　言

过去对于单片机的教学，均是采用以单片机的结构为主线，先介绍单片机的硬件结构，然后是指令，接着是软件编程，再介绍单片机系统的扩展和各种外围器件的应用，最后再介绍一些实例。按照这种教学结构，现在的学生普遍感到难学。尤其是在不知道一个单片机开发的完整过程的时候，很多人就长叹：单片机太难学了！放弃吧。

基于以上情况，我们在编写本书时，尝试以项目为教学单元，打破原有界限，不管硬件结构、指令、编程的先后顺序，将各部分知识分解成一个个知识点，为了完成一个任务，抽取每个部分的不同知识点，加以组合，完成第一个项目就能清楚单片机的开发过程，完成第二个项目就能自己模仿性地制作，使得学习过程是一个不断增强自信、充满成功喜悦地完成任务的过程。当所有任务全部完成，知识点就全学完了。即便只学习、完成了部分任务，也可以去做一些程序——事实上，并没有必要学完全部知识才可以去做开发的。

本书分两大部分，一是项目化的教材，二是技能操作和学习指导。项目化的教材部分分 5 个项目，项目一是霓虹灯的设计与制作，主要介绍最小系统，项目制作流程，虚拟实验室。项目二是电子钟的设计与制作，主要介绍数码管显示技术，键盘识别技术，计数、中断技术的应用。项目三是测量仪表的设计与制作，主要介绍 A/D、D/A 的转换技术和应用。项目四是通信口应用与控制的设计与制作，主要介绍串口和并口通信技术，通信控制程序设计。项目五是微波炉控制系统的设计与制作，主要介绍液晶显示技术和应用，多任务系统的单片机控制。附录主要介绍 C 语言编程指令，编程规范和常用的 C 语言编程实例。技能操作和学习指导部分，主要有学生学习指导，以及单片机技能训练方案。

我们期望本书能达到以下效果：

（1）以学生的认知规律为主线，突显快乐学习，玩中增长才干。

（2）建立以 Keil C51 和 Proteus 软件建立的仿真系统，检验自己的工作成果，最终以 PCB 实际制作完成产品。通过每个任务的知识点学习、技能训练，构建单片机应用能力。

（3）完成第一个项目即可进行单片机的初步应用尝试，不必学完单片机的全部知识体系。随着项目的逐渐进行，知识逐渐完善，能力逐渐提高，所有任务完成时，已具有初步模仿开发能力。

（4）希望能培养以工程实践为导向的项目化课程结构。

本书由姚晓平担任主编，张平担任副主编，其中本书项目一由张敏菊编写，项目二由姚晓平编写，项目三由魏小林编写，项目四由张平编写，项目五由陈章余编写，附录由朱来安编写。部分实例经郭星辰仿真和制作验证。我们虽然查阅了大量资料，但是在知识点的整合上，项目、任务的选择和设计上等，还有许多需要商榷的地方。由于水平有限，时间仓促，不足之处再所难免，恳请读者批评指正。

编　者
2012 年 8 月

前　言

目 录

单片机本身不能完成特定的任务，只有与某些器件和设备有机的结合在一起并配以特定的程序才能构成一个真正的单片机应用系统，完成特定的任务。一个单片机应用系统从提出任务到实现任务的全过程分为以下几个步骤：

（1）任务分析，拟订设计任务书。分析任务情况，拟订可实现的任务实现方案。

（2）根据任务要求，设计硬件电路。根据设计任务书，先要确定系统的总体设计方案。然后根据总体设计方案的要求，选择单片机的型号，确定硬件所需的元器件，画出电路图。

（3）设计程序，制作硬件电路。在确定了硬件的设计方案后，即可以进行软件程序设计。一般按照系统要实现的功能，画出程序设计流程图，编写程序代码。

（4）软/硬件综合调试、仿真。在硬件图和程序代码都完成的情况下，将程序直接下载到实际的硬件进行调试前，可以采用仿真软件或者仿真机先进行调试。这样可以保护单片机芯片，节省使用成本。

（5）完成设计报告书。根据任务要求，完成设计报告书。设计报告书应尽量详细地阐述系统设计的详细过程。

项目一　霓虹灯的设计与制作

霓虹灯在生活中非常常见。例如，许多城市的商场、饭店、宾馆等地方，用霓虹灯来吸引来来往往人群的眼球。这些不同颜色，不同形状的霓虹灯给我们的生活增添了许多色彩。那么，制作简单的霓虹灯的原理是什么呢？用 LED 如何来制作霓虹灯？

项目任务简介：

LED 的发光形式有很多种，常见的霓虹灯发光现象有长亮、闪烁和流动。将这几种现象组合穿插，就能得到各种各样的霓虹灯。

项目任务设计：

霓虹灯设计制作主要完成以下两项：

（1）单片机最小系统的设计制作；

（2）LED 灯形状阵列的设计。

基于 AT89S51 单片机最小系统的硬件设计，LED 发光驱动的实现。

LED 灯形状阵列的设计。LED 的发光颜色有很多种，发光形状也不尽相同，在具体的设计过程中，可以依据自己的思路来设计，避免千篇一律。

通过以上的任务分析，将项目一划分为四个任务，循序渐进的学习如何用单片机来实现制作霓虹灯。

任务一　点亮一个 LED 灯

一、任务分析

任务一是要用单片机来实现点亮一只发光二极管 LED，学习板上的 P1 口连接了 8 个 LED

发光二极管。这次的任务就是要让其中的一个 LED 发光。这里要解决的问题主要有以下几个：

（1）发光二极管如何才能发光？

（2）单片机怎么来控制 LED 发光？

（3）单片机控制 LED 发光的指令怎么写？

这 3 个问题解决了，任务一就完成了。要让发光二极管发光，根据二极管的单向导电性，只要能让二极管的正、负极得到相应的高低电平就能实现。那这个高低电平的得来，要分析电路原理图和对单片机写指令来实现。

二、任务准备

（一）单片机介绍

单片机的全称是单片微型计算机（Single Chip Microcomputer）。它是把组成计算机的主要功能部件：微处理器（CPU）、数据存储器（RAM）、程序存储器（ROM、EPROM、EEPROM 或 Flash ROM）、定时/计数器和各种输入/输出（I/O）接口电路等都集成在一块半导体芯片上，构成了一个完整的计算机系统，如图 1-1-1 所示。与通用的计算机不同，单片机的指令功能是按照工业控制的要求设计，因此，它又被称为微控制器（Microcontroller）。

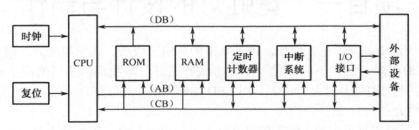

图 1-1-1　单片机内部结构框图

MCS-51（Micro Controller System）系列单片机是美国 Intel 公司于 1980 年推出的一种 8 位单片机系列。该系列的基本型产品是 8051、8031 和 8751。这 3 种产品之间的区别只是在片内程序存储器方面。8051 的片内程序存储器（ROM）是掩膜型的，即在制造芯片时已将应用程序固化进去；8031 片内没有程序存储器；8751 内部包含有用做程序存储器的 4KB 的 EPROM。MCS-51 系列单片机优异的性能/价格比使得它从面世以来就获得用户的认可。Intel 公司把这种单片机的内核，即 8051 内核，以出售或互换专利的方式授权给一些公司，如 Atmel、Philips、ADI 公司等。这些公司的这类产品也被称为 8051 兼容芯片，这些 8051 兼容芯片在原来的基础上增加了许多特性。例如，STC 公司生产的 STC89C52RC 单片机，它是一款性价比非常高的单片机，普通用户可完全将其当做一般的 51 单片机使用，高级用户可使用其扩展功能。STC 公司的单片机内部资源比起 ATMEL 公司的单片机来要丰富得多，它内部有 8KB 的基于 Flash 技术的程序存储器，512B 的 RAM 数据存储器，8 个中断源，3 个定时器，片内自带 EEPROM，片机自带看门狗、双数据指针等。目前，STC 公司的单片机在国内市场上的占有率与日俱增。STC 系列单片机具有多种封装形式，包括 PDIP40、PLCC44 和 TQFP44。最适合学校实验室使用的是 PDIP40 封装形式。PDIP40 封装形式的单片机芯片可以很方便地使用面包板来组成应用电路。

MCS-51 系列单片机一般采用 HMOS（高密度 NMOS）和 CHMOS（高密度 CMOS）两种工艺制造，前者如 8051，后者如 80C51，89S52 的 S 指的是支持串行下载。STC 公司的 C 系列也支持串行下载。

综上所述，单片机由两大部分组成。

（1）硬件系统：组成单片机系统的具体实体。

（2）软件系统：对单片机硬件系统进行管理使用。

1．硬件

1）微处理器（CPU）

CPU 由以下几个部分组成。

（1）寄存器阵列：通用寄存器，专用寄存器。

（2）运算器：累加器，暂存寄存器，标志寄存器，算术逻辑单元。

（3）控制器：程序计数器 PC，指令寄存器，指令译码器，定时和控制逻辑电路。

2）总线

总线是用于传送信息的公共途径，分为以下几种：

（1）数据总线（DB）。

（2）地址总线（AB）。

（3）控制总线（CB）。

3）存储器

存储器是存放程序和数据的，其分成以下几个部分。

（1）RAM：随机存储器。

特点：读写速度快，可随机写入或读出，读写方便；电源断电后，存储信息丢失。

作用：存放各种数据。

（2）ROM：只读存储器。

特点：信息写入后，能长期保存，不会因断电而丢失。

作用：存放固定程序和数据。

ROM 中常见的有 EPROM、EEPROM 、Flash ROM 等

4）输入/输出设备及其接口电路

（1）输入设备：典型的输入设备有键盘、鼠标等。

（2）输出设备：常见的输出设备有打印机等。

（3）I/O 接口电路。

输入/输出设备一般不能与 CPU 直接相连，而是通过某种电路完成寻址、数据缓冲、输入/输出控制、功率驱动、A/D、D/A 等功能，这种电路称为 I/O 接口电路。

2．软件系统

单片机程序设计语言可分为三类：

（1）机器语言。

（2）汇编语言。

（3）高级语言。

本教材使用 C 语言来实现单片机系统的开发。

（二）AT89S51 单片机

1. AT89S51 简介

AT89S51 是一个低功耗、高性能的 CMOS 8 位单片机，片内含 4KB ISP（In-System Programmable）的可反复擦写 1000 次的 Flash 只读程序存储器，器件采用 ATMEL 公司的高密度、非易失性存储技术制造，兼容标准 MCS-51 指令系统及 80C51 引脚结构，芯片内集成了通用 8 位中央处理器和 ISP Flash 存储单元，功能强大的微型计算机的 AT89S51 可为许多嵌入式控制应用系统提供高性价比的解决方案。

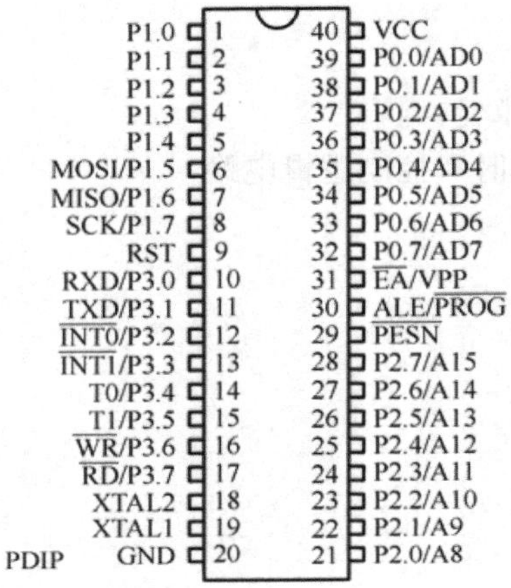

AT89S51 具有如下特点：40 个引脚，如图 1-1-2 所示，4KB 的 Flash 片内程序存储器，128B 的随机存取数据存储器（RAM），32 个外部双向输入/输出（I/O）口，5 个中断优先级，2 层中断嵌套中断，2 个 16 位可编程定时计数器，2 个全双工串行通信口，看门狗（WDT）电路，片内时钟振荡器。

此外，AT89S51 设计和配置了振荡频率，并可通过软件设置省电模式。在空闲模式下，CPU 暂停工作，而 RAM 定时计数器、串行口、外部中断系统可继续工作，掉电模式冻结振荡器而保存 RAM 的数据，停止芯片其他功能，直至外部中断激活或硬件复位。同时，该芯片还具有 PDIP、TQFP 和 PLCC 三种封装形式，以适应不同产品的需求。

AT89S51 的主要功能特性：

（1）兼容 MCS-51 指令系统。

（2）4KB 可反复擦写（>1000 次）ISP Flash ROM。

图 1-1-2　AT89S51 引脚图

（3）32 个双向 I/O 口。

（4）4.5～5.5V 工作电压。

（5）2 个 16 位可编程定时/计数器。

（6）时钟频率为 0～33MHz。

（7）全双工 UART 串行中断口线。

（8）128×8bit 内部 RAM。

（9）2 个外部中断源。

（10）功耗空闲和省电模式。

（11）中断唤醒省电模式。

（12）3 级加密位。

（13）看门狗（WDT）电路。

（14）软件设置空闲和省电功能。

（15）灵活的 ISP 字节和分页编程。

（16）双数据寄存器指针。

2. 引脚说明

（1）VCC：供电电压。

（2）GND：接地。

（3）P0 口：P0 口为一个 8 位漏级开路双向 I/O 口，每脚可吸收 8TTL 门电流。当 P0 口的引脚第一次写"1"时，被定义为高阻输入。P0 能够用于外部程序数据存储器，它可以被定义为数据/地址的第 8 位。在 Flash 编程时，P0 口作为原码输入口，当 Flash 进行校验时，P0 输出原码，此时 P0 外部必须被拉高。

（4）P1 口是一个内部提供上拉电阻的 8 位双向 I/O 口，P1 口缓冲器能接收输出 4TTL 门电流。P1 口引脚写入 1 后，被内部上拉为高，可用做输入；P1 口被外部下拉为低电平时，将输出电流，这是由于内部上拉的缘故。在 Flash 编程和校验时，P1 口作为第 8 位地址接收。

（5）P2 口：P2 口为一个内部上拉电阻的 8 位双向 I/O 口，P2 口缓冲器可接收，输出 4 个 TTL 门电流，当 P2 口被写"1"时，其引脚被内部上拉电阻拉高，且作为输入。并因此作为输入时，P2 口的引脚被外部拉低，将输出电流，这是由于内部上拉的缘故。当 P2 口用于外部程序存储器或 16 位地址外部数据存储器进行存取时，P2 口输出地址的高 8 位。在给出地址"1"时，它利用内部上拉优势，当对外部 8 位地址数据存储器进行读写时，P2 口输出其特殊功能寄存器的内容。P2 口在 Flash 编程和校验时接收高 8 位地址信号和控制信号。

（6）P3 口：P3 口引脚是 8 个带内部上拉电阻的双向 I/O 口，可接收输出 4 个 TTL 门电流。当 P3 口写入"1"后，它们被内部上拉为高电平，并用做输入。作为输入，由于外部下拉为低电平，P3 口将输出电流（ILL），这是由于上拉的缘故。

P3 口也可作为 AT89S51 的一些特殊功能口，见表 1-1-1。

表 1-1-1　P3 口的备选功能表

引　　脚	备　选　功　能
P3.0	RXD（串行输入口）
P3.1	TXD（串行输出口）
P3.2	INT0（外部中断 0）
P3.3	INT1（外部中断 1）
P3.4	T0（记时器 0 外部输入）
P3.5	T1（记时器 1 外部输入）
P3.6	WR（外部数据存储器写选通）
P3.7	RD（外部数据存储器读选通）

P3 口同时为闪烁编程和编程校验接收一些控制信号。

（7）RST：复位输入。当振荡器复位器件时，要保持 RST 脚两个机器周期的高电平时间。

（8）ALE/$\overline{PROG}$：当访问外部存储器时，地址锁存允许的输出电平用于锁存地址的低位字节。当 CPU 访问片外存储器时，ALE 为访问片外存储器的地址锁存允许信号输出，在不使用外部存储器时此引脚悬空；$\overline{PROG}$ 是对内部 EPROM 编程时的脉冲输入。

（9）$\overline{PSEN}$：外部程序存储器的选通信号。当访问片外程序存储器时，通过产生负脉冲作为片外程序存储器选通信号，如果不使用片外程序存储器，此引脚可悬空。

（10）$\overline{EA}$/VPP：内/外部 ROM 选择端。

单片机应用电路中引脚 $\overline{EA}$（引脚 31）可以总是接高电平。VPP 是编程电源输入。

（11）XTAL1：反向振荡放大器的输入及内部时钟工作电路的输入。

（12）XTAL2：来自反向振荡器的输出。

3. 振荡器特性

XTAL1 和 XTAL2 分别为反向放大器的输入和输出。该反向放大器可以配置为片内振荡器。石晶振荡和陶瓷振荡均可采用。如采用外部时钟源驱动器件，XTAL2 应不接。有时输入至内部时钟信号要通过一个二分频触发器，因此，对外部时钟信号的脉宽无任何要求，但必须保证脉冲的高低电平要求的宽度。

（三）LED 灯基本知识

LED（Light Emitting Diode），即发光二极管，是一种半导体固体发光器件，它利用固体半导体芯片作为发光材料。当两端加上正向电压时，半导体中的少数载流子和多数载流子发生复合，放出过剩的能量而引起光子发射，直接发出红、橙、黄、绿、青、蓝、紫、白色的光。常用的 LED 灯导通压降为 1.7V 左右，导通电流在 3～10mA 发光比较合适。如果提供的电源电压为 5V，选用 1kΩ的排阻，得 $\dfrac{5V-1.7V}{1k\Omega}$=3.3mA，满足要求。

（四）计算机中数的表示方法

1. 常用数制

在日常生活中，人们最熟悉的是十进制数，但在计算机中，采用二进制数"0"和"1"可以很方便地表示机内的数据与信息。

1）十进制数

十进制数有两个主要特点。

（1）有十个不同的数字符号：0、1、2、…、9。

（2）低位向高位进、借位的规律是按"逢十进一"、"借一当十"的计数原则进行计数。

例如，$1234.45=1\times10^3+2\times10^2+3\times10^1+4\times10^0+4\times10^{-1}+5\times10^{-2}$，式中的 10 称为十进制数的基数，103、102、101、100、10^{-1} 称为各数位的权。十进制数用 D 结尾表示。

2）二进制数

在二进制中，只有两个不同数码：0 和 1，进位规律是按"逢二进一"、"借一当二"的计数原则进行计数。二进制数用 B 结尾表示。

例如，二进制数 11011011.01 可表示为$(11011011.01)2=1\times2^7+1\times2^6+0\times2^5+1\times2^4+1\times2^3+0\times2^2+1\times2^1+1\times2^0+0\times2^{-1}+1\times2^{-2}$。

3）八进制数

在八进制中有 0、1、2…、7 八个不同数码，采用"逢八进一""借一当八"的计数原则进行计数。八进制数用 O 结尾表示。

例如，八进制数（503.04）O 可表示为（503.04）$O=5\times8^2+0\times8^1+3\times8^0+0\times8^{-1}+4\times8^{-2}$。

4）十六进制数

在十六进制中有 0、1、2…、9、A、B、C、D、E、F 共十六个不同的数码，采用"逢十六进一""借一当十六"的计数原则进行计数。十六进制数用 H 结尾表示。

例如，十六进制数（4E9.27）H 可表示为（4E9.27）$H=4\times16^2+14\times16^1+9\times16^0+2\times16^{-1}+7\times16^{-2}$。

2. 不同进制数之间的相互转换

表 1-1-2 列出了二、八、十、十六进制数之间的对应关系，熟记这些对应关系对后续内容的学习会有较大的帮助。

表 1-1-2　各种进位制的对应关系

十 进 制	二 进 制	八 进 制	十 六 进 制	十 进 制	二 进 制	八 进 制	十 六 进 制
0	0	0	0	9	1001	11	9
1	1	1	1	10	1010	12	A
2	10	2	2	11	1011	13	B
3	11	3	3	12	1100	14	C
4	100	4	4	13	1101	15	D
5	101	5	5	14	1110	16	E
6	110	6	6	15	1111	17	F
7	111	7	7	16	10000	20	10
8	1000	10	8	17	10001	21	11

1）二、八、十六进制数转换成为十进制数

根据各进制的定义表示方式，按权展开相加，即可转换为十进制数。

【例 1-1-1】　将（10101）B、(72)O、（49）H 转换为十进制数。

$(10101)B=1×2^4+0×2^3+1×2^2+0×2^1+1×2^0=37$

$(72)O=7×8^1+2×8^0=58$

$(49)H=4×16^1+9×16^0=73$

2）十进制数转换为二进制数

十进制数转换二进制数，需要将整数部分和小数部分分开，采用不同的方法进行转换，然后用小数点将这两部分连接起来。

（1）整数部分：除 2 取余法。

具体方法是，将要转换的十进制数除以 2，取余数；再用商除以 2，再取余数，直到商等于 0 为止，将每次得到的余数按倒序的方法排列起来作为结果。

【例 1-1-2】　将十进制数 100 转换成二进制数。

```
2| 100          余数
 2| 50           0（最低位）
  2| 25          0
   2| 12         1
    2| 6         0
     2| 3        0
      2| 1       1
        0        1（最高位）
```

答案：100D=1100100B

（2）小数部分：乘 2 取整法。

具体方法是，将十进制小数不断地乘以 2，直到积的小数部分为零（或直到所要求的位数）为止，每次乘得的整数依次排列即为相应进制的数码。最初得到的为最高有效数字，最后得到的为最低有效数字。

【例 1-1-3】　将 0.625D 转换成二进制数。

乘 2 取整：　　　　整数部分

0.625

×　2

1.250　　　　　1

0.25

×2

0.50　　　　　0

×2

1.0　　　　　1

答案：0.625D=0.101B

整合：100.625D=1100100.101B

（3）二进制与八进制之间的相互转换。

由于 2^3=8，故可采用"合三为一"的原则，即从小数点开始向左、右两边各以 3 位为一组进行二—八转换：若不足 3 位的以 0 补足，便可以将二进制数转换为八进制数。反之，每位八进制数用三位二进制数表示，就可将八进制数转换为二进制数。

【例 1-1-4】　将（10100101.01011101）2 转换为八进制数。

即（10100101.01011101）B =（245.272）O

【例 1-1-5】　将（756.34）O 转换为二进制数。

　　　　　　7　　5　　6　.　3　　4

　　　　　111 101　110 . 011　100

即（756.34）Q=（111101110.0111）B

（4）二进制与十六进制之间的相互转换。

由于 2^4=16，故可采用"合四为一"的原则，即从小数点开始向左、右两边各以 4 位为一组进行二—十六转换，若不足 4 位的以 0 补足，便可以将二进制数转换为十六进制数。反之，每位十六进制数用四位二进制数表示，就可将十六进制数转换为二进制数。

【例 1-1-6】　将（1111111000111.100101011）B 转换为十六进制数。

　　　　　0001 1111 1100 0111 . 1001 0101 1000

　　　　　　1　　F　　C　　7　.　9　　5　　8

即（111111000111.100101011）B =（1FC7.958）H

【例 1-1-7】　将（79BD.6C）H 转换为二进制数。

　　　　　　7　　9　　B　　D　.　6　　C

　　　　　0111 1001 1011 1101 . 0110 1100

即（79BD.6C）H=（111100110111101.011011）B

（五）常用的信息编码

1. 二—十进制 BCD 码（Binary-Coded Decimal）

二—十进制 BCD 码是指每位十进制数用 4 位二进制数编码表示。由于 4 位二进制数可以表示 16 种状态，可丢弃最后 6 种状态，而选用 0000～1001 来表示 0～9 十个数符。这种编码又称 8421 码，见表 1-1-3。

表 1-1-3 十进制数与 BCD 码的对应关系

十 进 制 数	BCD 码	十 进 制 数	BCD 码
0	0000	10	00010000
1	0001	11	00010001
2	0010	12	00010010
3	0011	13	00010011
4	0100	14	00010100
5	0101	15	00010101
6	0110	16	00010110
7	0111	17	00010111
8	1000	18	00011000
9	1001	19	00011001

【例 1-1-8】 将 69.25 转换成 BCD 码。

6　　9　. 2　　5

0110 1001 . 0010 0101

结果为 69.25=(01101001.00100101)BCD

【例 1-1-9】 将 BCD 码 100101111000.01010110 转换成十进制数。

1001 0111 1000 . 0101 0110

9　　7　　8　. 5　　6

结果为（100101111000.01010110）BCD=978.56

2．字符编码（ASCII 码）

计算机使用最多、最普遍的是 ASCII（American Standard Code For Information Interchange）字符编码，即美国信息交换标准代码，见表 1-1-4。

ASCII 码的每个字符用 7 位二进制数表示，其排列次序为 $d_6d_5d_4d_3d_2d_1d_0$，d_6 为高位，d_0 为低位。而一个字符在计算机内实际是用 8 位表示。正常情况下，最高一位 d_7 为 "0"。7 位二进制数共有 128 种编码组合，可表示 128 个字符，其中，数字 10 个、大小写英文字母 52 个、其他字符 32 个和控制字符 34 个。

表 1-1-4 七位 ASCII 代码表

d3 d2 d1 d0 位	0 d6 d5 d4 位							
	000	001	010	011	100	101	110	111
0000	NUL	DEL	SP	0	@	P	`	p
0001	SOH	DC1	!	1	A	Q	a	q
0010	STX	DC2	"	2	B	R	b	r
0011	ETX	DC3	#	3	C	S	c	s
0100	EOT	DC4	$	4	D	T	d	t
0101	ENQ	NAK	%	5	E	U	e	u
0110	ACK	SYN	&	6	F	V	f	v
0111	BEL	ETB	'	7	G	W	g	w

续表

d3 d2 d1d0 位	0 d6 d5d4 位							
	000	001	010	011	100	101	110	111
1000	BS	CAN	(	8	H	X	h	x
1001	HT	EM	)	9	I	Y	i	y
1010	LF	SUB	*	:	J	Z	j	z
1011	VT	ESC	+	;	K	[	k	{
1100	FF	FS	,	<	L	\	l	|
1101	CR	GS	—	=	M	]	m	}
1110	SO	RS	·	>	N	↑	n	~
1111	SI	HS	/	?	O	←	o	DEL

要确定某个字符的 ASCII 码，在表中可先查到它的位置，然后确定它所在位置的相应列和行，最后根据列确定高位码（d6d5d4），根据行确定低位码（d3d2d1d0），把高位码与低位码合在一起就是该字符的 ASCII 码。例如，数字 9 的 ASCII 码为 00111001B，即十六进制为 39H；字符 A 的 ASCII 码为 01000001，即十六进制为 41H 等。

数字 0~9 的 ASCII 码为 30H~39H。

大写英文字母 A~Z 的 ASCII 码为 41H~5AH。

小写英文字母 a~z 的 ASCII 码为 61H~7AH。

对于 ASCII 码表中的 0、A、a 的 ASCII 码 30H、41H、61H 应尽量记住，其余的数字和字母的 ASCII 码可按数字和字母的顺序以十六进制的规律写出。

ASCII 码主要用于微机与外设的通信。当微机接收键盘信息，微机输出到打印机、显示器等信息都是以 ASCII 码形式进行数据传输。

3．带符号数的表示

在计算机中，带符号数可以用不同的方法表示，常用的有原码、反码和补码。

1）原码

【例 1-1-10】　当机器字长 n=8 时：

$[+1]_原$=0 0000001,　　$[-1]_原$=1 0000001

$[+127]_原$=0 1111111,　　$[-127]_原$=1 1111111

由此可以看出，在原码表示法中：

最高位为符号位，正数为 0，负数为 1，其余 n-1 位表示数的绝对值。

在原码表示中，零有两种表示形式，即$[+0]$=00000000，$[-0]$=10000000。

2）反码

【例 1-1-11】　当机器字长 n=8 时，

$[+1]_反$=00000001,　　　　$[-1]_反$=11111110

$[+127]_反$=01111111,　　$[-127]_反$=10000000

由此看出，在反码表示中：

正数的反码与原码相同，负数的反码只需将其对应的正数按位求反即可得到。

机器数最高位为符号位，0 代表正号，1 代表负号。

在反码表示方式中，零有两种表示方法：$[+0]_反$=00000000，$[-0]_反$=11111111。

3）补码

【例 1-1-12】 当机器字长 $n=8$ 时，

$[+1]_{补}=00000001$, $[-1]_{补}=11111111$

$[+127]_{补}=01111111$, $[-127]_{补}=10000001$

由此看出，在补码表示中：

正数的补码与原码、反码相同，负数的补码等于它的反码加1。

机器数的最高位是符号位，0 代表正号，1 代表负号。

在补码表示中，0 有唯一的编码：$[+0]_{补}=[-0]_{补}=00000000$。

补码的运算方便，二进制的减法可用补码的加法实现，使用较广泛。在计算机中的运算都是用补码进行运算。

【例 1-1-13】 假设计算机字长为 8 位，试写出 122 的原码、反码和补码。

$[122]_{原}=[122]_{反}=[122]_{补}=01111010B$

【例 1-1-14】 假设计算机字长为 8 位，试写出-45 的原码、反码和补码。

$[-45]_{原}=10101101B$

$[-45]_{反}=11010010B$

$[-45]_{补}=11010011B$

对于用补码表示的负数，首先认定它是负数，然后用求它的补码的方法可得到它的绝对值，即可求得该负数的值。例如，补码数(11110011)B 是一个负数，求该数的补码为(00001101)B，该数相应的十进制数为 13，故求出(11110011)B 为(-13)D。

【例 1-1-15】 试写出原码 11011001 的真值。

（原码）$_{补}$=（原码）$_{反}$+1=10100111B=-39

（六）逻辑运算

1）"与"运算

"与"运算的运算规则是"有 0 为 0，全 1 为 1"。

$0\&0=0$ $0\&1=0$

$1\&0=0$ $1\&1=1$

【例 1-1-16】 二进制数 01011101B 和 11010101B 相与。

$01011101\&11010101=01010101B$

2）"或"运算

"或"运算的运算规则是"有 1 为 1，全 0 为 0"。

$0|0=0$ $0|1=1$

$1|0=1$ $1|1=1$

【例 1-1-17】 二进制数 10101101 和 01010000 相或。

$10101101B|01010000B=11111101B$

3）"异或"运算

"异或"运算的运算规则是"相同为 0，相异为 1"。

$0\oplus0=0$ $0\oplus1=1$

$1\oplus0=1$ $1\oplus1=0$

【例 1-1-18】 二进制数 10101101 和 01101110 相异或。

10101101B⊕01101110=11000011

（七）Keil 软件使用

Keil μVision2 是众多单片机应用开发软件中优秀的软件之一，它支持众多不同公司的 MCS-51 架构的芯片，它集编辑，编译，仿真等于一体，同时还支持 PLM，汇编和 C 语言的程序设计，它的界面和常用的微软 VC++的界面相似，界面友好，易学易用，在调试程序，软件仿真方面也有很强大的功能。

Keil 单片机模拟调试软件安装完成以后，计算机桌面上将产生一个标注有"Keil μVision2"的图标，双击这个图标就可以进入 Keil 单片机模拟调试软件的集成开发环境，出现如图 1-1-3 所示的屏幕，进入图 1-1-4 所示的编辑界面。

图 1-1-3　Keil 图标

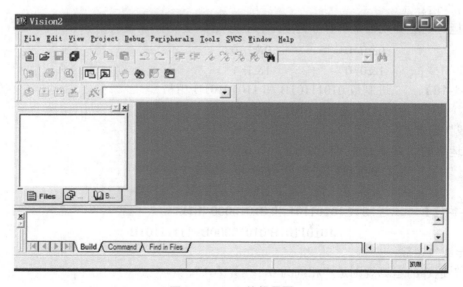

图 1-1-4　Keil 编辑界面

接着按下面的步骤建立第一个项目。

（1）单击 Project 菜单，选择弹出的下拉式菜单中的"New Project"选项，如图 1-1-5 所示。

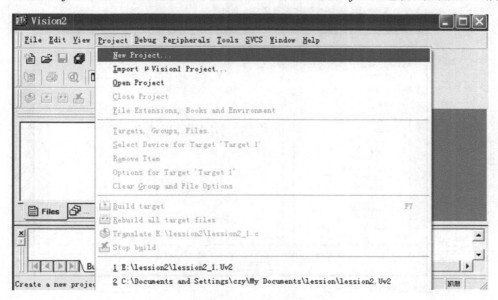

图 1-1-5　Project 菜单

（2）接着弹出一个标准 Windows 文件对话窗口，如图 1-1-6 所示，在"文件名"中输入第一个 C 程序项目名称，这里用"lession1_1"。保存后的文件扩展名为".uv2"，这是 Keil μVision2 的项目文件扩展名，以后可以直接单击此文件以打开先前做的项目。

图 1-1-6　Create New Project 对话框

（3）选择工程文件要存放的路径，输入工程文件名"LED"，最后单击"保存"按钮。在弹出的对话框中选择 CPU 厂商及型号，如图 1-1-7（a）所示。

（4）如果所配的单片机芯片是 STC 公司的，而 Keil 中并没有 STC 公司的产品，不过 STC 公司的单片机和传统的 51 单片机是兼容的，假设这里选择 Atmel 公司的 AT89C52。选择 Atmel 公司的 AT89C52 后，单击"确定"按钮。具体的芯片类型根据具体情况选择，如图 1-1-7（b）所示。

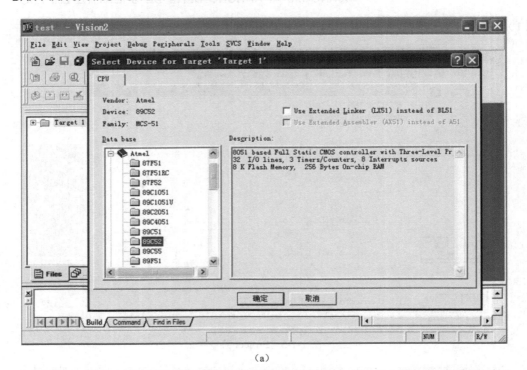

（a）

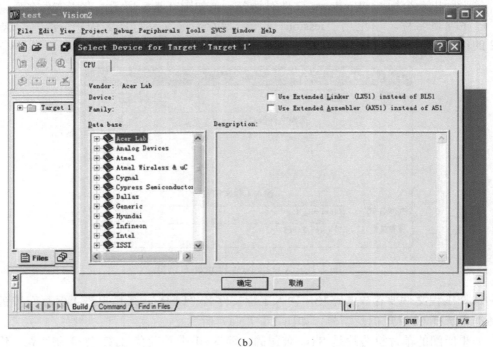

（b）

图 1-1-7　"Select Device for Target"对话框

（5）新建一个程序文件，单击左上角的"New File"按钮，如图 1-1-8 所示。

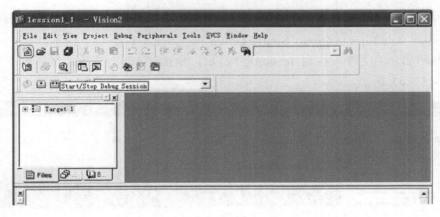

图 1-1-8 "新建文件"窗口

（6）保存新建的文件，单击"Save"按钮，如图 1-1-9 所示。

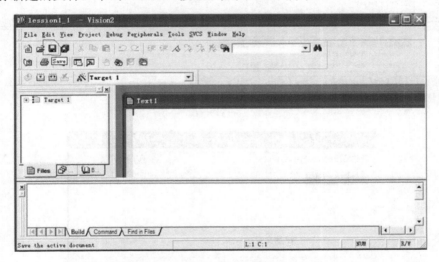

图 1-1-9 "保存文件"窗口

（7）在出现的对话框中输入保存文件名"lession1_1.c"（注意：后缀名必须为.c），再单击"保存"按钮，如图 1-1-10 所示。

图 1-1-10 "Save As"对话框

（8）保存好后把此文件加入到工程中，方法如下：用鼠标在"Source Group1"上单击右键，然后再单击"Add Files to Group' Source Group 1'"如图 1-1-11（a）所示。

（9）选择要加入的文件，找到 lession1_1.c 后，单击"Add"按钮，然后单击"Close"按钮，如图 1-1-11（b）所示。

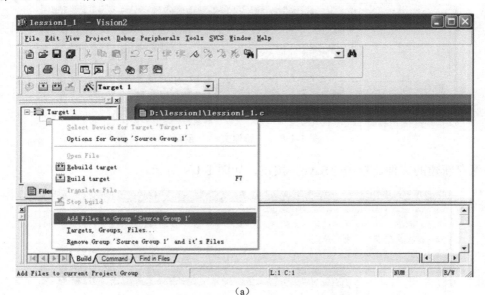

（a）

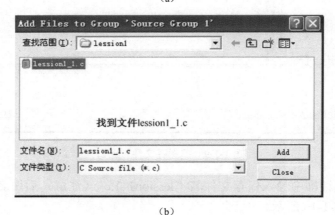

（b）

图 1-1-11 添加文件至工程操作界面

（10）在编辑框里输入如下代码，如图 1-1-12 所示。

```
/*********************
单灯点亮
*********************/
#include<reg52.h>
sbit P1_0=P1^0;
void main()
{ P1_0=0;
}
```

图 1-1-12 编辑文件界面

（11）到此完成了工程项目的建立及文件加入工程，现在开始编译工程。如图 1-1-13 所示，先单击"编译"按钮，如果在错误与警告处看到"0 Error(s)，0Warning(s)"，表示编译通过。

图 1-1-13 编译工程界面

（12）生成 .hex 烧结文件，先单击"Options for Target"按钮，如图 1-1-14 所示。

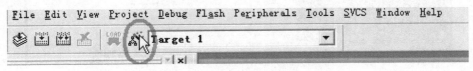

图 1-1-14 生成烧结文件界面

（13）在图 1-1-15 中，单击"Output"选项卡，选中"Create HEX Fi"，再单击"确定"按钮。

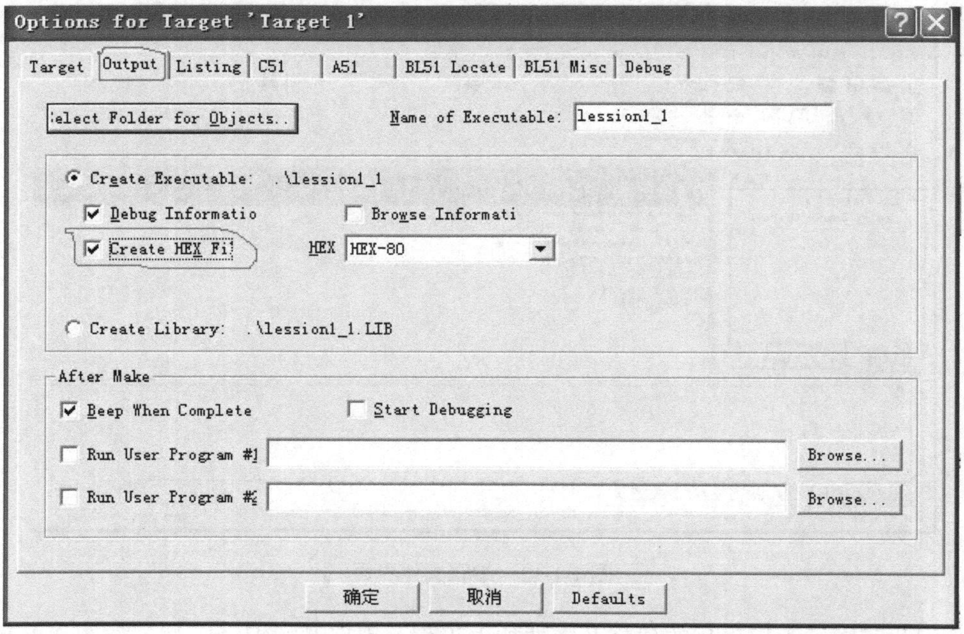

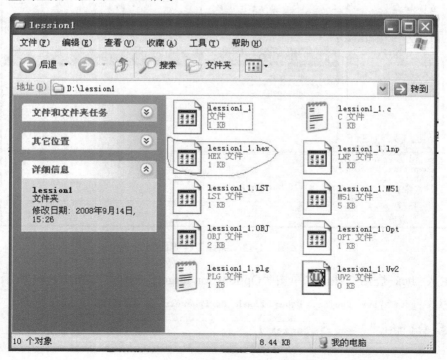

图 1-1-15 生成烧结文件操作界面

（14）打开文件夹，查看是否生成了 HEX 文件。如果没有生成，再执行一遍步骤（11）～步骤（13），直到生成，如图 1-1-16 所示。

图 1-1-16 烧结文件路径

以上是 Keil 软件的基本应用，更多的高级应用请大家查阅相关资料。

（八）STC-ISP 单片机下载软件的使用

（1）这里使用 STC-ISP-V393-Not-Setup.exe 免安装版，双击可执行文件，如图 1-1-17 所示。

图 1-1-17　STC-ISP-V393 图标

（2）启动后，首次设置时只需注意芯片的选择，在左上角下拉框中选择单片机型号，一般的台式机大多只有一个串口，所以 COM 栏就选择 COM1，如果使用别的串口那就选择相应的串口号，其他全部使用默认，其他参数可以使用默认状态，无须改动。总体设置如图 1-1-18 所示。

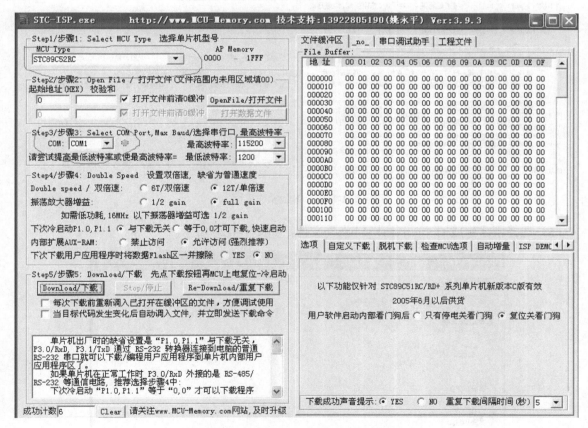

图 1-1-18　STC-ISP-V393 参数设置界面

（3）软件安装设置完后，接下来讲如何连接硬件实验板。

首先要保证实验板上插的单片机型号和 STC-ISP-V393 中设置的型号一致，USB 数据电缆线一定要与计算机相连，它是给整块电路板提供电源。下载串口线与计算机串口相连。全部连好后就可以开始下载编译好的程序。

（4）连接好了硬件也设置好了软件，下面就要下载程序了，如图 1-1-19 所示，单击软件界面上的"Open File/打开文件"按钮打开对话框。

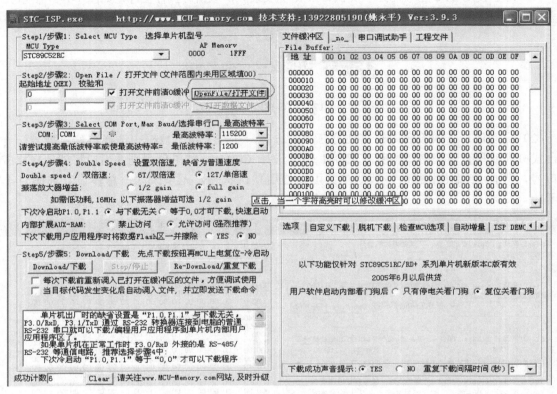

图 1-1-19　下载操作界面

（5）选择刚才生成的"lession1_1.hex"文件，如图 1-1-20 所示。

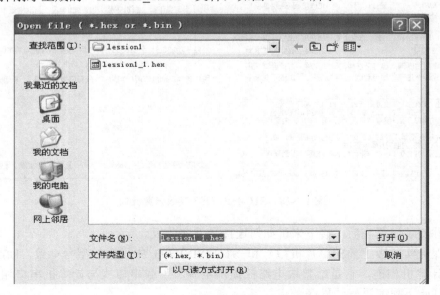

图 1-1-20　已生成的烧结文件路径

（6）选择好后，要先把实验板上的电源关掉，因为 STC 的单片机内有引导码，在上电的时候会与计算机自动通信，检测是否要执行下载命令，所以，要等点完下载命令后再给单片机上电。然后单击如图 1-1-21 所示的"Download/下载"按钮。

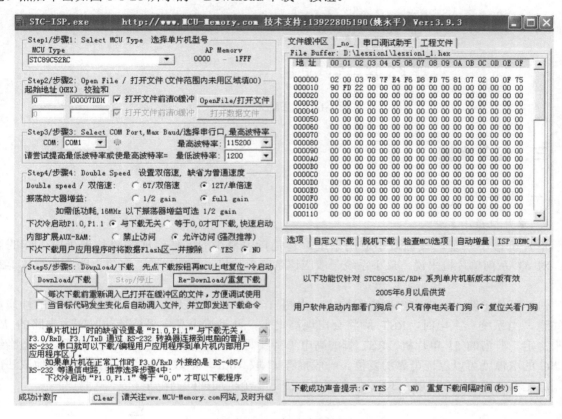

图 1-1-21　下载按钮界面

（7）出现如图 1-1-22 所示的信息时，按下实验板上的电源给单片机上电。

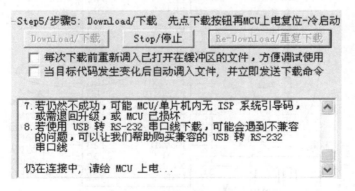

图 1-1-22　下载过程信息提示界面

（8）若出现如图 1-1-23 所示的信息，则说明已经给单片机成功下载了程序，并且已经加密。

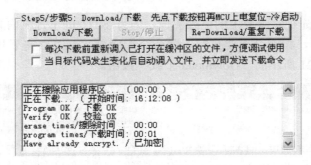

图 1-1-23　下载完成界面

三、任务实施

（一）硬件电路

1. 单片机最小系统

单片机最小系统，又称最小应用系统，它是指用最少的元件组成的单片机可以工作的系统。对 51 系列单片机来说，最小系统一般应该包括单片机、晶振电路、复位电路，如图 1-1-24 所示。

（1）复位电路：由电容串联电阻构成，由图 1-1-24 并结合"电容电压不能突变"的性质可以知道，当系统一上电时，RST 脚将会出现高电平，并且这个高电平持续的时间由电路的 RC 值来决定。典型的 51 单片机，RST 脚的高电平持续两个机器周期以上就将复位。所以，适当组合 RC 的取值就可以保证可靠的复位。一般推荐 C 取 $10\mu F$，R 取 $8.2k\Omega$。当然也有其他取法，原则就是要让 RC 组合可以在 RST 脚上产生不少于 2 个机周期的高电平。

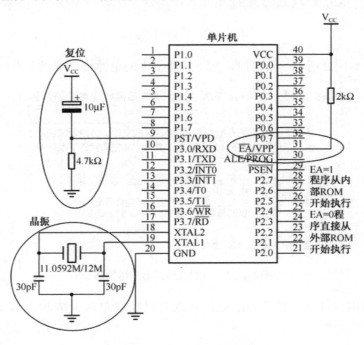

图 1-1-24　单片机最小系统原理图

（2）晶振电路：典型的晶振取 11.0592MHz（因为可以准确地得到 9600 波特率和 19200 波特率，用于有串口通信的场合）/12MHz（产生精确的μs 级时间，方便定时操作）。

（3）单片机：可以采用 AT89S51/52 或其他 51 系列兼容单片机芯片。特别注意：对于 31 脚（EA/V_PP），当接高电平时，单片机在复位后从内部 ROM 的 0000H 开始执行；当接低电平时，复位后直接从外部 ROM 的 0000H 开始执行。

在今后的设计制作中，单片机最小系统可以直接使用。

2. 任务硬件设计参考图（见图 1-1-25）

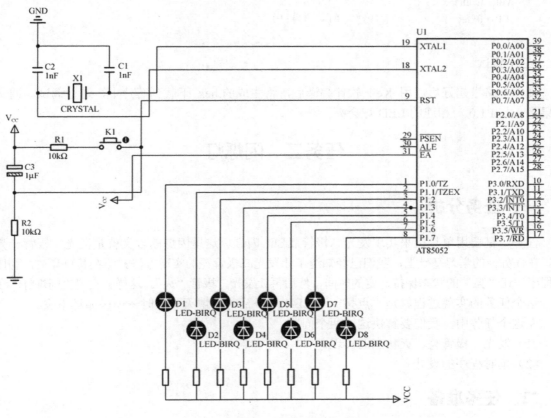

图 1-1-25 任务一硬件设计参考图

（二）参考源代码

1. 位操作

```
#include<reg52.h>
/***********************************************************
```

上面这行是一个"文件包含"处理。"文件包含"是指一个文件将另外一个文件的内容全部包含进来，这里的程序虽然只写了一行，但 C 编译器在处理的时候却要处理几十或几百行，这里包含 reg52.h 的目的在于本程序要使用 P1 这个符号，而 P1 是在 reg52.h 这个头文件中定义的。大家可以在编译器目录下面用记事本打开这个文件。

```
*********************************************************************/
sbit P1_0=P1^0;        //定义 IO 口,目的是让编译器知道 P1_0 代表的就是单片机的 P1.0 口
void main()            //主程序
{ P1_0=0;              //给 P1.0 赋低电平
}
```

2. 总线操作

```
#include<reg52.h>
void main()
{ P1=0xfe;             //总线定义 P1=11111110
}
```

（三）调试

硬件电路搭建好后，用 Keil 软件编译后，将生成的.hex 下载到芯片中，进行调试。调试的结果是，与 P1.0 口相连的 LED 灯会亮。

任务二 闪烁灯

一、任务分析

任务二是要用单片机来实现发光二极管 LED 闪烁。这里闪烁的含义就是发光二极管一亮一灭。在任务一的学习基础上，我们已经知道了让发光二极管亮的实现方法。那在其点亮后，利用延时程序，让"亮"的状态保持一定的时间，然后再让发光二极管"灭"。这样就实现"闪烁灯"了。

这个任务的实现过程就是，点亮一个 LED 灯→延时→熄灭→延时→……循环下去。

在这个任务中，我们要解决这样两个问题：

（1）发光二极管亮、灭状态的实现。

（2）延时程序的设计。

二、任务准备

（一）C 语言基本知识

1. C51 的数据类型（见表 1-2-1）

表 1-2-1 C51 数据类型表

类　　型	符　号	关　键　字	所 占 位 数	数的表示范围
整型	有	（signed）int	16	−32768～32767
		（signed）short	16	−32768～32767
		（signed）long	32	−2147483648～2147483647
	无	unsigned int	16	0～65535
		unsigned short int	16	0～65535
		unsigned long int	32	0～4294967295

续表

类　型	符　号	关　键　字	所　占　位　数	数的表示范围
实型	有	float	32	3.4e-38～3.4e38
	有	double	64	1.7e-308～1.7e308
字符型	有	char	8	−128～127
	无	unsigned char	8	0～255

2. C-51 的数据类型扩充定义

1）sfr：特殊功能寄存器声明

用法：sfr 变量名=地址值。

2）sbit：特殊功能位声明

sbit 的用法有三种。

第一种方法：sbit　　位变量名=地址值

第二种方法：sbit　　位变量名=sfr 名称^变量位地址值

第三种方法：sbit　　位变量名=sfr 地址值^变量位地址值

例如，定义 PSW 中的 OV 可以用以下三种方法：

（1）sbit OV=0xd2　　　说明：0xd2 是 OV 的位地址值

（2）sbit OV=PSW^2　　说明：其中 PSW 必须先用 sfr 定义好

（3）sbit OV=0xD0^2　　说明：0xD0 就是 PSW 的地址值

（二）工作寄存器区

地址范围在 00H～1FH 的 32 个字节，可分成 4 个工作寄存器组，每组占 8 个字节。具体划分如下。

第 0 组工作寄存器：地址范围为 00H～07H；

第 1 组工作寄存器：地址范围为 08H～0FH；

第 2 组工作寄存器：地址范围为 10H～17H；

第 3 组工作寄存器：地址范围为 18H～1FH。

每个工作寄存器组都有 8 个寄存器，它们分别称为 R0、R1、R2、R3、R4、R5、R6、R7。但在程序运行时，只允许有一个工作寄存器组工作，把这组工作寄存器称为当前工作寄存器组，所以，每组之间不会因为名称相同而混淆出错。

可通过对特殊功能寄存器中的程序状态字寄存器 PSW 的 RS1、RS0 的状态设置，来选择哪一组工作寄存器作为当前工作寄存器组。单片机复位时，当前工作寄存器默认为 0 组。工作寄存器的地址分配表见表 1-2-2。

表 1-2-2　工作寄存器的地址分配表

组　号	RS1	RS0	R0	R1	R2	R3	R4	R5	R6	R7
0	0	0	00H	01H	02H	03H	04H	05H	06H	07H
1	0	1	08H	09H	0AH	0BH	0CH	0DH	0EH	0FH
2	1	0	10H	11H	12H	13H	14H	15H	16H	17H
3	1	1	18H	19H	1AH	1BH	1CH	1DH	1EH	1FH

PSW 的各位的位符号及其意义见表 1-2-3。

表 1-2-3 PSW 的各位的位符号及其意义

位 序	D7	D6	D5	D4	D3	D2	D1	D0
位 符 号	CY	AC	F0	RS1	RS0	OV	/	P

（1）CY（C）：进位和借位标志，当指令执行中有进位和借位产生时，CY 为 1，反之为 0。

（2）AC：辅助进位、借位标志（低半字节对高半字节的进位和借位），有进位和借位产生时，AC 为 1，反之为 0。

（3）F0：用户标志位，由用户自定义。

（4）RS1 和 RS0：工作寄存器选择标志位。

（5）OV：溢出标志位。

（6）P：奇偶校验位，当 A 中 1 的个数为偶数时，P 为 0，反之为 1。

（三）时序与时序定时单位（见图 1-2-1）

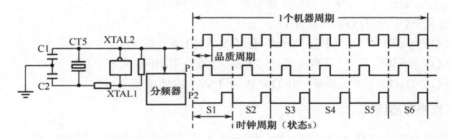

图 1-2-1 单片机的时序定时单位

时序是指在执行指令的过程中，CPU 的控制器所发出的一系列特定的控制信号在时间上的相互关系。

（1）拍节：振荡脉冲的周期（晶振周期）定义为拍节（用 "P" 表示）。

（2）状态：振荡脉冲经过两分频后，就是单片机的时钟信号，把时钟信号的周期定义为状态（用 "S" 来表示）。这样，一个状态包含两个拍节，前半周期为拍节 1（P1），后半周期为拍节 2（P2）。

（3）机器周期：规定一个机器周期为 6 个状态，相当于 12 个拍节，即 12 个振荡脉冲的周期，可分别用 S1～S6 来表示状态，S1P1、S1P2、S2P1、S2P2……S6P2 来表示拍节。

（4）指令周期：执行一条指令所需要的时间称为指令周期，指令周期以机器周期的数目来表示。

（四）Protues 软件的使用

1. Protues 的使用方法

安装完成后，我们一起来学习它的使用方法。

先按要求把软件安装到计算机上，安装结束后，在桌面的 "开始" 程序菜单中，单击运行原理图（ISIS 7 Professional）或 PCB（ARES 7 Professional）设计界面，如图 1-2-2 所示。

图 1-2-2　选择 ISIS 7 Professional

ISIS 7 Professional 运行时的界面如图 1-2-3 所示。

图 1-2-3　ISIS 7 Professional 运行时的界面

打开后，ISIS 7 Professional 的编辑界面如图 1-2-4 所示。在弹出的对话框中选择"No"，选中"以后不再显示此对话框"，关闭弹出提示。

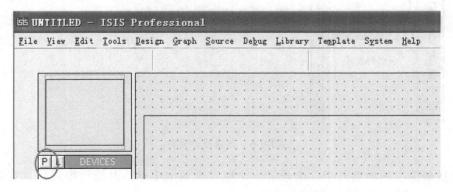

图 1-2-4　ISIS 7 Professional 的编辑界面

1）元件的拾取

（1）创建新设计文件。

启动 Proteus 软件，进入 Proteus ISIS 编辑环境后，选择"File"→"New Design"命令，弹出如图 1-2-5 所示的"Create New Design"对话框。

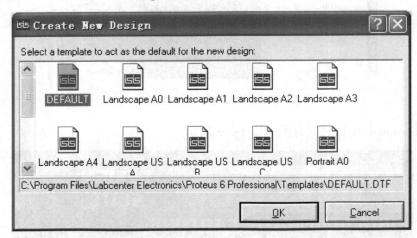

图 1-2-5　"Create New Design"对话框

（2）保存新设计。

选择主菜单"File"→"Save Design"命令，选择合适的文件夹和文件名（如 LED），保存新设计。保存后，新设计文件名将显示在 Proteus 窗口的标题栏，如图 1-2-6 所示。也可以先画原理图，然后再保存新设计文件。

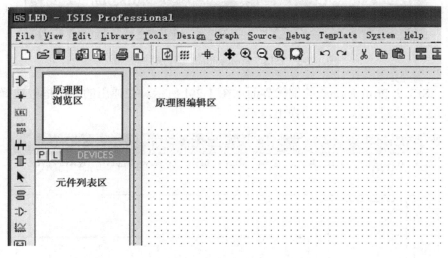

图 1-2-6　创建设计文件

我们先从最简单的电路入手，来设计一个电容充放电电路，并通过电路仿真观察其电流流向和灯的亮灭。所用到的元件清单见表 1-2-4。

表 1-2-4 元件清单

元 件 名	类	子 类	备 注	数 量	参 数
CAPACITOR	Capacitors	Animited	电容，可动态显示电荷	1	100μF
RES	Resistors	Generic	电阻	2	1kΩ，100Ω
LAMP	Optoelectronics	Lamps	灯泡，可显示灯丝烧断	1	12V
SW-SPDT	Switches and Relays	Switches	两位开关，可单击操作	1	
BATTERY	Simulator Primitives	Sources	电池	1	12V

用鼠标左键单击界面左侧预览窗口下面的"P"按钮，弹出"Pick Devices"（元件拾取）对话框，如图 1-2-7 所示。

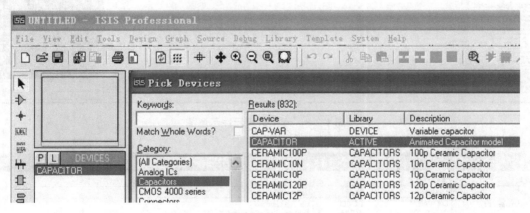

图 1-2-7 "Pick Devices" 对话框

ISIS7Professional 的元件拾取就是把元件从"元件拾取"对话框中拾取到图形编辑界面的对象选择器中。元件拾取共有两种办法。

① 按类别查找和拾取元件。

元件通常以其英文名称或器件代号在库中存放。在取一个元件时，首先要清楚它属于哪一大类，还要知道它归属哪一子类，这样就缩小了查找范围，然后在子类所列出的元件中逐个查找，根据显示的元件符号、参数来判断是否找到了所需要的元件。双击找到的元件名，该元件便拾取到编辑界面中了。

"元件拾取"对话框共分四部分，左侧从上到下分别为直接查找时的名称输入、分类查找时的大类列表、子类列表和生产厂家列表。中间为查到的元件列表。右侧自上而下分别为元件图形和元件封装，图 1-2-8 中的元件没有显示封装。

② 直接查找和拾取元件。

把元件名的全称或部分输入到"Pick Devices"（元件拾取）对话框中的"Keywords"栏，在中间的查找结果"Results"中显示所有电容元件列表，用鼠标拖动右边的滚动条，出现灰色标示的元件即为找到的匹配元件，如图 1-2-9 所示。

这种方法主要用于对元件名熟悉之后，为节约时间而直接查找。对于初学者来说，还是分类查找比较好，一是不用记太多的元件名，二是对元件的分类有一个清楚的概念，利于以后对大量元件的拾取。

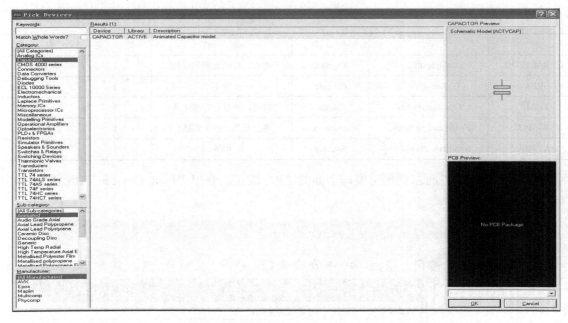

图 1-2-8　分类拾取元件示意图

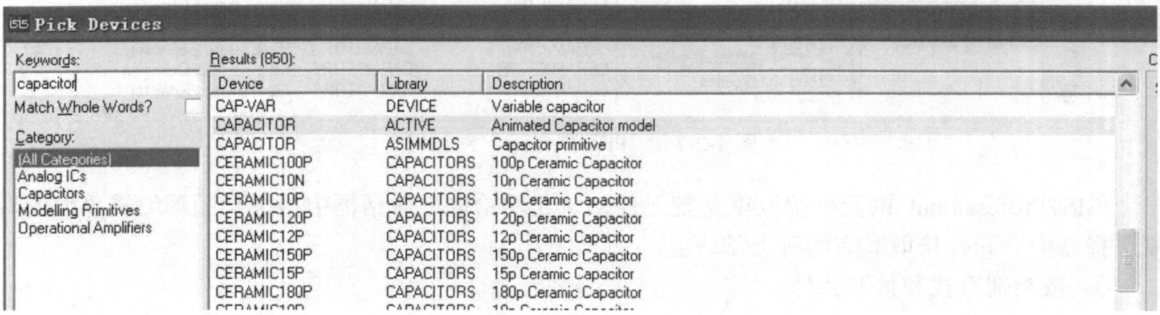

图 1-2-9　直接拾取元件示意图

按照电容的拾取方法，依次把五个元件拾取到编辑界面的对象选择器中，然后关闭"元件拾取"对话框。元件拾取后的界面如图 1-2-10 所示。

图 1-2-10　元件拾取后的界面

下面把元件从对象选择器中放置到图形编辑区中。用鼠标单击对象选择区中的某一元件名，把鼠标指针移动到图形编辑区，双击鼠标左键，元件即被放置到编辑区中。电阻要放置两次，因为本例中用到两个电阻。元件放置后的界面如图 1-2-11 所示。

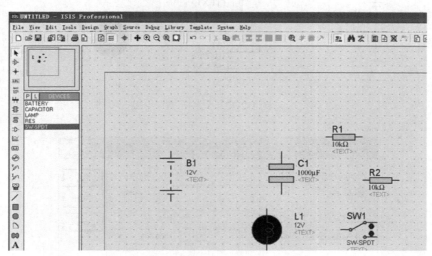

图 1-2-11 元件放置后的界面

2）编辑窗口视野控制

学会合理控制编辑区的视野是元件编辑和电路连接进行前的首要工作。

编辑窗口的视野平移可用以下方法：在原理图编辑区的蓝色方框内，把鼠标指针放置在一个地方后，按下"F5"键，则以鼠标指针为中心显示图形。

当图形不能全部显示出来时，按住"Shift"键，移动鼠标指针到上、下、左、右边界，则图形自动平移。快速显示想要显示的图形部分时，把鼠标指向左上预览窗口中某处，并单击鼠标左键，则编辑窗口内的图形自动移动到指定位置。另外还有两个图标，用于显示整个图形，以鼠标所选窗口为中心显示图形。

编辑窗口的视野缩放用以下方法：

先把鼠标指针放置到原理图编辑区内的蓝色框内，上下滚动鼠标滚轮即可缩放视野。如果没有鼠标滚轮。放置鼠标指针到编辑窗口内想要放大或缩小的地方，按"F6"键（放大）或"F7"键（缩小）放大或缩小图形，按"F8"键显示整个图形。按住"Shift"键，在编辑窗口内单击鼠标左键，拖出一个欲显示的窗口。

3）元件位置的调整和参数的修改

按图 1-2-12 所示元件位置布置好元件。使用界面左下方的四个图标 ↻、↺、↔、↕ 可改变元件的方向及对称性。把两位开关调整成图示的方位。

先存一下盘。建立一个名为 Proteus 的目录，选择"File"→"Save Design As"菜单命令，在打开的对话框中把文件保存为 Proteus 目录下的"Cap1.DSN"，只用输入"Cap1"，扩展名系统自动添加。

下面改变元件参数。左键双击原理图编辑区中的电阻 R1，弹出"Edit Component"（元件属性设置）对话框，把 R1 的 Resistance（阻值）由 10kΩ改为 1kΩ，把 R2 的阻值由 10kΩ改为 100Ω（默认单位为Ω）。

"Edit Component"（元件属性设置）对话框如图 1-2-13 所示。

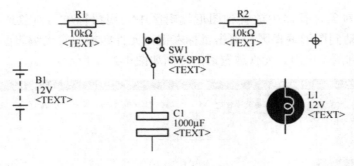

图 1-2-12　元件布置

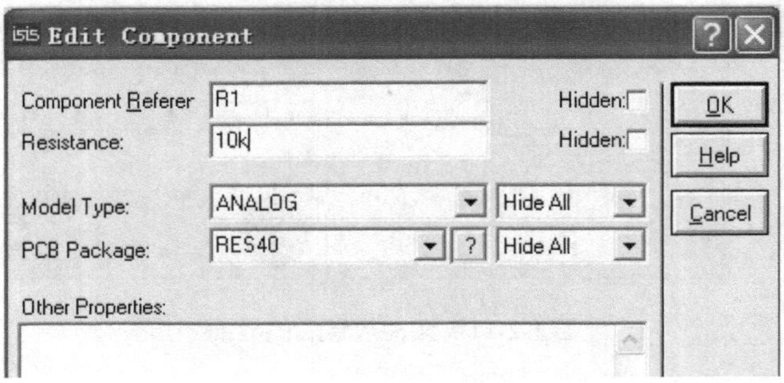

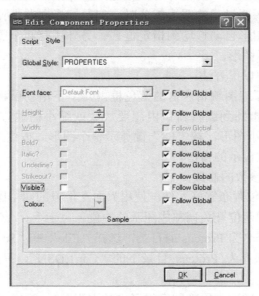

图 1-2-13　"Edit Component"对话框

注意到每个元件的旁边显示灰色的"<TEXT>"，为了使电路图清晰，可以取消此文字显示。双击此文字，打开一个对话框，如图 1-2-14 所示。在该对话框中选择"Style"，先取消选择"Visible"右边的"Follow Global"选项，再取消选择"Visible"选项，单击"OK"按钮即可。

图 1-2-14　"TEXT"属性设置对话框

也可在元件调用前，直接选择主菜单中的"Template"→"Set Design Defaults…"命令，打开模板设计对话框，如图 1-2-15 所示。

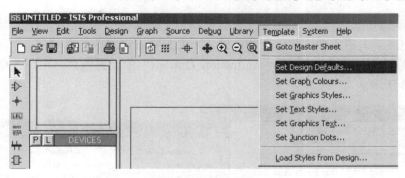

图 1-2-15 打开模板设计对话框

接着出现"Edit Design Defaults"（编辑模板设计）对话框，如图 1-2-16 所示。取消时"Show hidden text"选项的选择，然后单击"OK"按钮即可。每个元件的旁边不再显示灰色的"<TEXT>"。

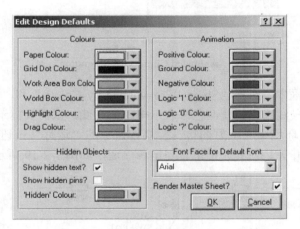

图 1-2-16 "Edit Design Defaults" 对话框

4）电路连线

Proteus 的连线是非常智能的，它会判断下一步的操作是否想连线从而自动连线，而不需要选择连线的操作，只需用鼠标左键单击编辑区元件的一个端点，拖动到要连接的另外一个元件的端点，先松开左键后再单击鼠标左键，即完成一根连线。如果要删除一根连线，右键双击连线即可。单击图标 ⊞ 取消背景格点显示，如图 1-2-17 所示。

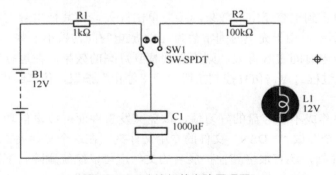

图 1-2-17 连接好的电路原理图

5）电路的动态仿真

前面已经完成了电路原理图的设计和连接，下面来看看电路的仿真效果。

首先在主菜单"System"→"Set Animation Options"中设置仿真时电压及电流的颜色及方向，如图 1-2-18 所示。

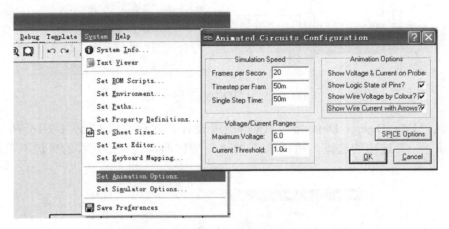

图 1-2-18 "Animated Circuits Configuration"对话框

在随后打开的对话框中，选择"Show Wire Voltage by Colour"和"Show Wire Current with Arrows"两项，即选择导线以红、蓝两色来表示电压的高低，以箭头标示来表示电流的流向。

单击 Proteus ISIS 环境中左下方的仿真控制按钮中的"运行"按钮，开始仿真。仿真开始后，用鼠标单击图中的开关，使其先把电容与电源接通，如图 1-2-19 所示。

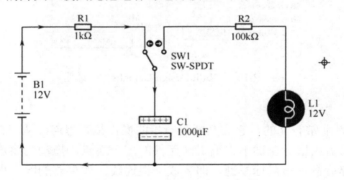

图 1-2-19 电容充电过程的仿真

从图中能清楚地看到电容充电的效果。接着单击开关，使其把电容与灯连通。看到灯闪了一下，如图 1-2-20 所示。由于充电时间常数为 1s，放电时间常数小一些，瞬间放电，所以灯亮的时间很短。如果放电时间常数再大，则不易观察到灯亮的效果。在运行时，可以来回拨动开关，反复观察充放电过程。单击仿真控制按钮中的"停止"按钮，仿真结束。

6）文件的保存

在设计过程中要养成不断存盘的好习惯，以免突发事件而造成事倍功半的效果，影响学习情绪。最好先建立一个存放"*.DSN"文件的专用文件夹，在这个文件夹中，除了刚刚设计完成的"Cap1.DSN"文件外，还有很多其他扩展名的文件，可以统统删除。下次打开时，可直接双击"Cap1.DSN"文件，或先运行 Proteus，再打开"Cap1.DSN"文件。

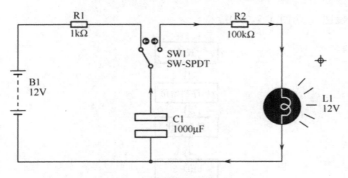

图 1-2-20　电容放电过程的仿真

三、任务实施

（一）任务要求

让与单片机 P1.0 相连的发光二极管闪烁。

（二）任务实施过程

1. 硬件设计（见图 1-2-21）

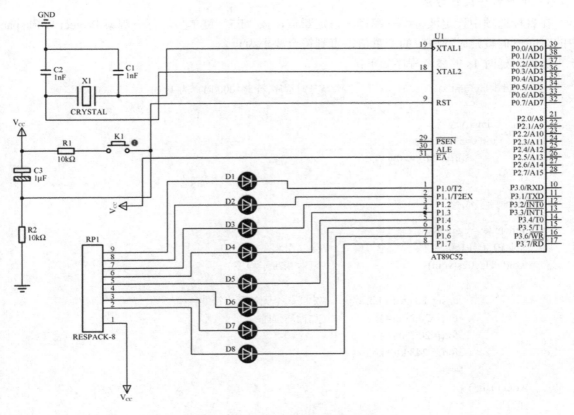

图 1-2-21　发光二极管连接示意图

2. 程序设计流程图（见图 1-2-22）

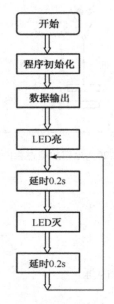

图 1-2-22　程序设计流程图

3. 延时程序设计方法

在目标选项中设定波特率→编译→设定断点，按"F5"键单步运行→观察 Project Workspace 中的时间→调整延时程序中的变量值，直到符合要求为止。

例如，延时 1s 的参考程序如下：

```
void delay(uint z)              //延时程序,当 z=1000 时，为 1s
{
    uint x,y;
    for(x=z;x>0;x--)
        for(y=110;y>0;y--);
}
```

4. 任务参考代码

```
#include <reg52.h>
sbit P1_0=P1^0;                 //定义引脚
void delay02s(void)             //延时 0.2s 子程序
    {
        unsigned char i,j,k;     //定义 3 个无符号字符型数据
        for(i=20;i>0;i--)        //作循环延时
        for(j=20;j>0;j--)
        for(k=248;k>0;k--);
    }
void main()                     //主程序
{
    while(1)                     //条件永远为真的循环
    {
```

```
        P1_0=0;                 //使 P3.0 输出低电平,LED 亮
        delay02s();             //延时经过 0.2s
        P1_0=1;                 //使 P3.0 输出高电平,LED 灭
        delay02s();             //延时经过 0.2s
    }
}
```

（三）仿真

用 Proteus 完成硬件电路的设计，将烧结成的.hex 文件下载到单片机芯片中，启动仿真按钮即可看到结果。

任务三　流水灯

一、任务分析

任务三是要用单片机来控制发光二极管 LED，实现流水灯功能。单片机学习板上有 8 个发光二极管，分别称为 LED1、LED2、LED3……LED8。那么流水灯任务的实现流程如下：

LED1 亮→延时→LED1 灭→延时→LED2 亮→延时→LED2 灭→延时→LED3 亮→延时→LED3 灭→延时……→LED8 亮→延时→LED8 灭→延时……循环下去。

有了这样的实现流程，那么编写单片机程序就容易多了。

二、任务准备

（一）单片机 C 语言中位操作的用法

C51 提供了几种位操作符，见表 1-3-1。

表 1-3-1　位操作符表

运　算　符	含　　义	运　算　符	含　　义
&	按位与	～	取反
|	按位或	<<	左移
^	按位异或	>>	右移

1）"按位与"运算符（&）

参加运算的两个数据，按二进位进行"与"运算。原则是"全 1 为 1，有 0 为 0"，即 0&0=0; 0&1=0; 1&0=0; 1&1=1。

2）"按位或"运算符（|）

参与或操作的两个位，只要有一个为"1"，则结果为"1"，即"有 1 为 1，全 0 为 0"。0|0=0; 0|1=1; 1|0=1; 1|1=1。

3）"异或"运算符（^）

异或运算符 ^ 又称 XOR 运算符。当参与运算的两个位相同（"1"与"1"或"0"与"0"）时结果为"0"。不同时为"1"，即"相同为 0，不同为 1"。0^0=0；0^1=1；1^0=1；1^1=0。

4）"取反"运算符（～）

与其他运算符不同，"取反"运算符为单目运算符，即它的操作数只有一个。它的功能就是对操作数按位取反。也就是"是 1 得 0，是 0 得 1"。～1=0；～0=1。

5）左移运算符（<<）

左移运算符用来将一个数的各位全部向左移若干位。例如，a=a<<2 表示将 a 的各位左移 2 位，右边补 0。

6）右移运算符（>>）

右移与左移相类似，只是位移的方向不同。例如，a=a>>1 表示将 a 的各位向右移动 1 位。与左移相对应的，左移一位就相当于除以 2，右移 N 位，就相当于除以 2^N。

在右移的过程中，要注意的一个地方就是符号位问题。对于无符号数右移时，左边高位移入"0"。对于有符号数来说，如果原来符号位为"0"，则左边高位为移入"0"；而如果符号位为"1"，则左边移入"0"还是"1"就要看实际的编译器了，移入"0"的称为"逻辑右移"，移入"1"的称为"算术右移"。

在 Keil 中采用"算术右移"的方式来进行编译。

7）位运算赋值运算符

在对一个变量进行位操作中，要将其结果再赋给该变量，就可以使用位运算赋值运算符。位运算赋值运算符如下：

&=, |=,^=,～=,<<=, >>=

例如，a&=b 相当于 a=a&b，a>>=2 相当于 a>>=2。

8）不同长度的数据进行位运算

如果参与运算的两个数据的长度不同时，如 a 为 char 型，b 为 int 型，则编译器会将二者按右端补齐。如果 a 为正数，则会在左边补满"0"。若 a 为负数，左边补满"1"。如果 a 为无符号整型，则左边会添满"0"。

（二）Keil 中 C51-library Functions 简单介绍

打开 C:\Keil\C51\HLP 文件夹，打开 C51lib.chm，查看_crol_和_cror_的使用方法。

_crol_用法示例：

```
#include <intrins.h>
void tst_crol (void)
{
  char a;
  char b;
  a = 0xA5;
  b = _crol_(a,3)   // b 现在是 0x2D
}

_cror_用法示例：
```

```
#include <intrins.h>
void tst_cror (void)
{
    char a;
    char b;
    a = 0xA5;
    b = _cror_(a,1);        // b 现在是 0xD2
}
```

三、任务实施

（一）任务要求

让与单片机 P1 口相连的发光二极管实现流水灯。同时 8 个灯循环一次。

（二）硬件电路（见图 1-3-1）

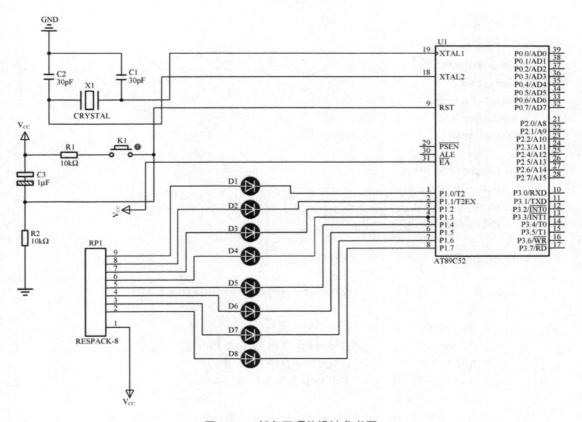

图 1-3-1　任务三硬件设计参考图

1. 程序设计流程图

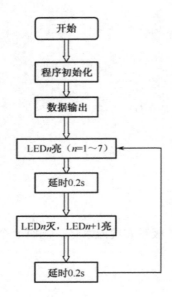

2. 任务参考代码

参考程序如下：

```c
#include <reg52.h>
unsigned char i;
unsigned char temp;
unsigned char a,b;
void delay(void)              //延时子程序
{
    unsigned char m,n,s;
    for(m=20;m>0;m--)
    for(n=20;n>0;n--)
    for(s=248;s>0;s--);
}
void main(void)              //主程序
{
  while(1)                   //循环条件永远为真,以下程序一直执行下去
  {
        temp=0xfe;
        P1=temp;             //直接对 I/O 口 P1 赋值,使 P1.0 输出低电平
        delay();             //调用延时子程序
        for(i=1;i<8;i++)     //实现 LED 灯的从右到左移动
          {
            a=temp<<i;
            b=temp>>(8-i);
            P1=a|b;
            delay();
          }
  }
}
```

（三）仿真

用 Keil 将程序调试正确后，生成 .hex 文件。将其下载到 Proteus 的硬件图中进行调试。观察结果。

任务四　霓虹灯

一、任务分析

本任务是在学习了前面 3 次任务的基础上，来用单片机实现霓虹灯。霓虹灯的种类、形式非常多。这就要求我们挑选一种感兴趣的霓虹灯，了解它的原理，利用已经学过的知识来实现。

二、任务实施

（一）教学实施过程

1. 任务要求分析

实现一种霓虹灯现象。

用软件延时的方法模拟霓虹灯原理，要求如下：

（1）左循环点亮发光二极管（每个二极管的点亮持续时间为 0.2s），循环 16 次。

（2）所有发光二极管同时亮灭（亮灭持续时间均为 0.2s），循环 16 次。

（3）右循环点亮发光二极管（每个二极管的点亮持续时间为 0.2s），循环 16 次。

（4）所有发光二极管同时亮灭（亮灭持续时间均为 0.2s），循环 16 次。

从（1）～（4）循环执行，实现模拟霓虹灯的效果

2. 硬件电路（见图 1-4-1）

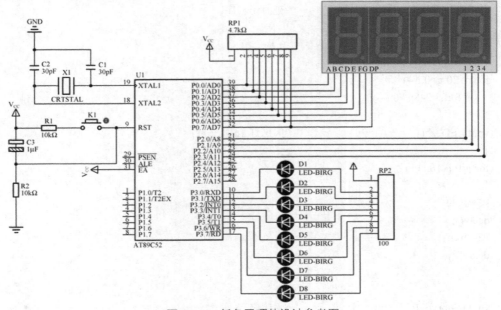

图 1-4-1　任务四硬件设计参考图

3. 程序设计流程图（见图 1-4-2）

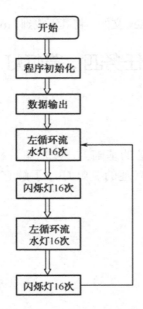

图 1-4-2　程序设计流程图

4. 任务参考代码

参考程序如下：

```
#include <reg52.h>
#include <intrins.h>
unsigned char i;
unsigned char temp;
unsigned char a,b,j,k,b;
void delay(void)                    //延时子程序
{
    unsigned char m,n,s;
    for(m=20;m>0;m--)
for(n=20;n>0;n--)
    for(s=248;s>0;s--);
}
void LED_sh()                       //闪烁灯 16 次子程序
{
for(j=0;j<16;j++)
{
P3=0x00;
delay();
P3=0xff;
delay();}
}

void main(void)                     //主程序
```

```
{
 while(1){                              //循环条件永远为真,以下程序一直执行下去
for(k=0;k<16;k++)                       //16 次左移流水灯
  {
  temp=0xfe;
  for(i=0;i<8;i++)                      //实现广告灯左移动
    {
            P3=_crol_(temp,i);
             delay();
               }
      }
LED_sh();
for(b=0;b<16;b++)                       //16 次右移流水灯
  {
       temp=0x7f;
       for(i=0;i<8;i++)                 //实现广告灯右移动
         {
             P3=_cror_(temp,i);
              delay();
          }
      }
LED_sh();
  }
 }
```

（二）仿真

将设计好的程序下载好后，调试观察现象。初学者可以根据自己的想法设计 LED 的亮灭形式，这样可以得到不同的效果。

项目二　电子钟的设计与制作

时钟是在生活中离不开的物品，分析一下可得到它的设计要求：①数字显示；②准确的走时；③方便调整等。本项目是单片机控制应用中比较典型的实例，通过电子钟的设计与制作，掌握单片机的数码管显示技术，输入与输出控制技术和中断、计数、时钟等知识内容。

本项目设计制作数字电子钟，要求可以进行时、分、秒显示，最大显示时间为 23:59:59，可以通过按键进行时、分、秒调整。本项目以三个任务，即数码管显示、键盘控制和电子钟的设计制作，以渐进式完成设计和制作任务。

任务一　秒表的设计与制作

一、任务分析

在项目一中已经学习了如何用单片机点亮一只发光二极管 LED，现在要显示数字 0～9，怎么办？通过对秒表的设计与制作，学习数码管显示技术。

二、任务准备

（一）数码管

图 2-1-1　数码管实物图

数码管是一种半导体发光器件，其基本单元是发光二极管，如图 2-1-1 所示。

如果用火柴棒来拼写数码管的外形，你会发现用七根火柴棒就可以实现，也就是说，用七只发光管就能拼成如图 2-1-1 所示的日字图形。当然小数点是一只二极管，加起来就是八只二极管。既然数码管是由八只二极管组成的，那么对于在项目一中驱动一只二极管的方法是不是也可以用在数码管上呢？

1. 数码管的分类

数码管按段数分为七段数码管和八段数码管，按能显示多少个"8"可分为一位、二位、四位等数码管；按发光二极管单元连接方式分为共阳极数码管和共阴极数码管。共阳极数码管是指将所有发光二极管的阳极接到一起形成公共阳极的数码管。共阳极数码管在应用时将公共阳极接到正极上，当某一字段发光二极管的阴极为低电平时，相应字段就点亮。当某一字段的阴极为高电平时，相应字段就不亮。共阴极数码管则相反。

2. 数码管的显示

小型数码管每段发光二极管的正向压降随显示发光（红、绿、黄等）颜色不同稍有差别，为 2～2.5V，每个发光二极管的点亮电流为 5～10mA。静态显示时取 10mA 为宜，动态扫描显示，可加大脉冲电流，但一般不超过 40mA。为保证数码管的安全，通常加限流电阻。根据数码管的显示方式的不同，可以分为静态显式和动态显式两类。

1）静态显示

静态显示又称锁存方式，是指数码管的字形码都由一个单片机的 I/O 端口进行驱动，或者使用译码器译码并进行驱动。另外，可以使用专门的锁存器芯片，如 74LS373、74HC595 等，单片机发送完数据就控制锁存，由芯片完成数码管的显示。一般使用串行接口，占用单片机资源最少，而且数码管还能实现左右循环移动等效果，显示稳定，消隐效果比较好。静态显示的特点是每个数码管的段选必须接一个 8 位数据线来保持显示的字型码。优点是编程简单，显示亮度高；缺点是占用 I/O 端口多。

2）动态显示

动态显示又称扫描方式，是利用发光二极管的余辉效应和人眼的视觉暂留效应来实现的，只要在一定时间内数码管的字型码亮的频率够快，人眼就看不出闪烁。动态显示的特点是将所有数码管的段选线并联在一起，由位选线控制是哪一位数码管亮。即将所有数码管的 8 个显示笔划"A、B、C、D、E、F、G、H、D_P"的同名端连在一起，另外将每个数码管的公共极增加位选控制电路，位选由各自独立的 I/O 线控制，当单片机输出字型码时，所有数码管都接收到相同的字型码，但究竟是哪个数码管会显示出字型，取决于单片机对位选端的控制，所以，只要将需要显示的那一位数码管的控制打开，该位就显示出字型，没有选通的数码管就不会亮。通过分时轮流控制各个数码管的位选端，就使各个数码管轮流受控显示，这就是动态驱动。

3）数码管显示

数码管分共阴极和共阳极两种，这两种结构的数码管各段名和安排位置是相同的。当二极管导通时，相应的笔划段发亮，由发亮的笔划段组合而显示各种字符。各笔划段 D_P、G、F、E、D、C、B、A 对应于一个二极管 D_7、D_6、D_5、D_4、D_3、D_2、D_1、D_0，一个二极管对应一个字节，于是用 8 位二进制码就可以表示要显示字符的字型码。通过控制字型码就可选择需要显示的数字。表 2-1-1 列出了共阴极和共阳极数码管的字型编码。

表 2-1-1 共阴极和共阳极数码管字型编码表

显示字型	共阳极									共阴极								
	D_7	D_6	D_5	D_4	D_3	D_2	D_1	D_0	对应发光管	D_7	D_6	D_5	D_4	D_3	D_2	D_1	D_0	对应发光管
	D_P	G	F	E	D	C	B	A	字型编码	D_P	G	F	E	D	C	B	A	字型编码
0	1	1	0	0	0	0	0	0	0xC0	0	0	1	1	1	1	1	1	0x3F
1	1	1	1	1	1	0	0	1	0xF9	0	0	0	0	0	1	1	0	0x06
2	1	0	1	0	0	1	0	0	0xA4	0	1	0	1	1	0	1	1	0x5B
3	1	0	1	1	0	0	0	0	0xB0	0	1	0	0	1	1	1	1	0x4F
4	1	0	0	1	1	0	0	1	0x99	0	1	1	0	0	1	1	0	0x66
5	1	0	0	1	0	0	1	0	0x92	0	1	1	0	1	1	0	1	0x6D
6	1	0	0	0	0	0	1	0	0x82	0	1	1	1	1	1	0	1	0x7D
7	1	1	1	1	1	0	0	0	0xF8	0	0	0	0	0	1	1	1	0x07
8	1	0	0	0	0	0	0	0	0x80	0	1	1	1	1	1	1	1	0x7F
9	1	0	0	1	0	0	0	0	0x90	0	1	1	0	1	1	1	1	0x6F

例如，对于共阳极数码管，显示器要显示"6"字符，公共阳极接高电平，而阴极 D_P、G、F、E、D、C、B、A 各段为 10000010，即对于共阳极数码管，"6"字型编码是 0x82。各数字具体字型编码可查表 2-1-1。如果是共阴极数码管，显示器要显示"6"字符，公共阴极接地，查

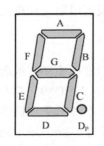

图 2-1-2 数码管字型

表 2-1-1 可得 "6" 字符的字型编码应为 01111101（0x7D）。这里必须注意的是，很多产品为方便接线，常不按规则的方法去对应字段与位的关系，这时字型编码表就必须根据接线来自行设计。图 2-1-2 所示为数码管字型。

其中，A= D_0，B= D_1，C= D_2，D= D_3，E= D_4，F= D_5，G= D_6，D_P= D_7。

由上可知，对于数码管而言，不同亮暗组合形成不同的字型，这种组合称为字型码，它可以用单片机的 I/O 口直接控制，也可以由专用芯片控制。

数码管结构图如图 2-1-3 所示。

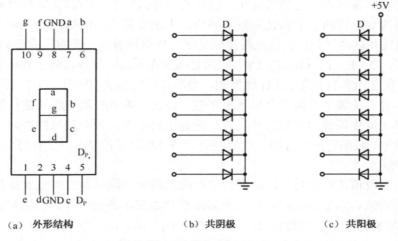

（a） 外形结构　　　　　　（b） 共阴极　　　　　　（c） 共阳极

图 2-1-3　数码管结构图

（二）中断

1．中断概念

什么是中断，老师在上课，有学生举手要求发言，老师中断了讲课，当学生讲完后，老师继续讲课。你在家中看书，电话铃响了，你放下书，去接电话，和来电话的人交谈，然后放下电话，回来继续看书，这就是生活中的"中断"现象，就是正常的工作过程被外部的事件打断了。

在单片机里，中断是实时地处理内部或外部事件的一种内部机制。当某种内部或外部事件发生时，单片机的中断系统将迫使 CPU 暂停正在执行的程序，转而去进行中断事件的处理，中断处理完毕后，又返回被中断的程序处，继续执行下去。引起 CPU 中断的根源，称为中断源。中断源向 CPU 提出中断请求。CPU 暂时中断原来的事务，转去处理请求事件，请求事件完成后，再回到原来被中断的地方（即断点），称为中断返回。实现上述中断功能的部件称为中断系统（中断机构）。从中断的定义可以看到中断应具备中断源、中断响应、中断返回三个过程。中断源发出中断请求，单片机对中断请求进行响应，当中断响应完成后，返回被中断的地方继续执行原来被中断的程序。在项目一中遇到要中断，所采用的方法是延时，这样 CPU 的效率不高，采用中断技术可以并行的处理两件以上的事情。

中断可分为三类：

（1）第一类，由 CPU 外部引起的：如 I/O 中断、时钟中断、控制台中断等。

（2）第二类，来自 CPU 的内部事件或程序执行中的事件引起的过程，称为异常，如由于 CPU 本身故障（电源电压低于 5V 或频率在 47～63Hz 之外）、程序故障（非法操作码、地址越界、浮点溢出）等引起的过程。

（3）第三类，由于在程序中使用了请求系统服务的系统调用而引发的过程。

前两类属于真正的"中断"，而第三类属于系统调用。中断技术是单片机技术中的重要技术之一，主要体现在实时处理能力、CPU 的效率和 CPU 与外设间的速度匹配问题。中断过程分为中断请求、中断响应、中断返回三步。中断的识别采用查询中断和矢量中断两种方法。

2. 中断系统

根据实际使用情况请求，中断可分成：输入与输出设备，如打印机、键盘等；故障产生的信号，如除数为零时、电源掉电申请备用电源等；实时控制时，被控参数超限，如电压、电流、温度等超过设定的上、下限制，继电器、开关的闭合与断开等；还有就是内部的定时/计数器溢出、外部定时脉冲通过 CPU 的请求等。中断的一般功能，就是实现中断并返回，在执行过程中分成高、低优先级别。中断响应后，在返回主程序前，一定要记得撤除中断申请，因为中断系统只对部分中断申请在响应后可以自动撤除。

由图 2-1-4 所示的中断系统的结构框图可知，与中断有关的特殊功能寄存器（中断源寄存器 TCON、SCON，中断允许寄存器 IE，中断优先级寄存器 IP、中断入口、顺序查询逻辑电路等组成）。

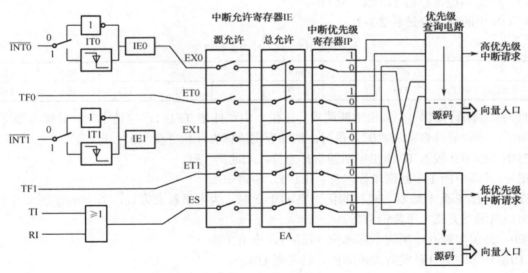

图 2-1-4　中断系统的结构框图

1）中断源与入口

（1）外部中断类：外部中断是由外部原因引起的，当外部有电平触发或边沿触发时称为外部中断，即外部 $\overline{INT0}$ 或 $\overline{INT1}$ 输入电平或脉冲信号时。$\overline{INT0}$ 由位线 P3.2（引脚 12）输入，IT0 决定中断请求信号是低电平或脉冲的下降沿有效，当 CPU 检测到 12 引脚上出现低电平或者下降沿的中断信号时，中断标志 IE0 置 1，向 CPU 申请中断；同样 $\overline{INT1}$ 由位线 P3.3（引脚 13）输入，IT1 决定中断请求信号，当 CPU 检测到 13 引脚上出现低电平或者下降沿的中断信号时，中断标志 IE1 置 1，向 CPU 申请中断。

IT0（IT1）=1 脉冲触发方式，下降沿有效；IT0（IT1）=0 电平触发方式，低电平有效。当 CPU 检测到有效中断请求时，IE0（IE1）位由硬件置"1"。当中断响应完成转向中断服务程序时，由硬件把 IE0（或 IE1）清"0"。外部中断源入口地址：外部中断 0（0003H），外部中断 1（0013H）。

（2）定时中断类：它是为了满足定时时间到了或计数值已满的情况，定时中断是内部中断。无须外部输入，只有当在计数情况时由位线 P3.4（引脚 14）输入，计数器 T0 发生溢出时，置位 TF0=1，并向 CPU 申请中断；位线 P3.5（引脚 15）输入，计数器 T1 发生溢出时，置位 TF1=1，并向 CPU 申请中断。

当计数器产生计数溢出时，相应的溢出标志位由硬件置"1"。当转向中断服务时，再由硬件自动清"0"。计数溢出标志位的使用有两种情况：采用中断方式时，作中断请求标志位来使用；采用查询方式时，作查询状态位来使用。定时中断源入口地址：定时器 T0 000BH，定时器 T1 001BH。

（3）串行口中断类：它是为完成串行数据而设置，由位线 P3.0 或 P3.1（引脚 10 或 11）串行口输入。单片机完成接受或发送一组数据时，R1 或 T1 向 CPU 申请串行中断请求，由硬件置"1"，即 R1 或 T1=1；在转向中断服务程序后，用软件清"0"。中断源入口地址：串行口中断 0023H。

2）中断特殊功能寄存器及作用

51 系列单片机中关于中断的特殊功能寄存器有四个，TCON、SCON、IE、IP。

（1）特殊功能寄存器 TCON、SCON。

TCON 中断标志位见表 2-1-2。

表 2-1-2　TCON 中断标志位

TCON	8FH		8DH		8BH	8AH	89H	88H
字节地址 88H	TF1		TF0		IE1	IT1	IE0	IT0

TF1：定时/计数器 T1 溢出中断请求标志位，由硬件使 TF1=1，申请中断，此标志保持到响应中断后，才由硬件自动清"0"。也可由软件查询该标志，软件清"0"。

TF0：定时/计数器 T0 溢出中断请求标志位。功能同 TF1。

IE1：外部中断 1 中断请求标志位。IE1=1，申请中断。

IT1：外部中断 1 触发方式控制位。当 IT0=0 时，为电平触发方式，低电平有效。当 IT0=1 时，为边沿触发方式，下降沿有效。

IE0：外部中断 0 中断请求标志位。IE0=1，申请中断。

IT0：外部中断 0 触发方式控制位。功能同 IT1。

SCON 中断标志位见表 2-1-3。

表 2-1-3　SCON 中断标志位

SCON							99H	98H
字节地址 98H							TI	RI

TI：串行口发送中断标志位。当 CPU 将一个字节数据写入串行口发送缓冲器时，就启动了发送过程。每发送完一个串行帧，硬件置位 TI。CPU 响应中断时，不能自动清除 TI，TI 由软件清除。

RI：串行口接收中断标志位。在串行口允许接收数据时，每接收完一个串行帧，硬件置位RI。同样，RI必须由软件清除。

当系统复位后，TCON和SCON中各位均被清"0"。

（2）特殊功能寄存器IE。

中断允许控制IE，CPU对中断系统所有中断，以及某个中断源的开放和屏蔽是由中断允许寄存器IE控制的。IE中断标志位见表2-1-4。

表2-1-4 IE中断标志位

IE	EA			ES	ET1	EX1	ET0	EX0
字节地址 A8H	AFH			ACH	ABH	AAH	A9H	A8H

EA：CPU中断总允许位。EA=1，允许中断，由各自的中断源决定是否允许。EA=0，屏蔽所有中断请求，中断总禁止。

ES：串行口中断允许位。ES=1允许，ES=0禁止。

ET1：定时/计数器T1中断允许位。ET1=1允许，ET1=0禁止。

EX1：外部中断1允许位。EX1=1允许，EX1=0禁止。

ET0：定时/计数器T0中断允许位。ET0=1允许，ET0=0禁止。

EX0：外部中断0允许位。EX0=1允许，EX0=0禁止。

当系统复位后，IE中各位均被清"0"。

（3）特殊功能寄存器IP。

IP中断标志位见表2-1-5。

表2-1-5 IP中断标志位

IP				PS	PT1	PX1	PT0	PX0
字节地址 B8H				BCH	BBH	BAH	B9H	B8H

PS：串行口优先级设定位。

PT1：定时/计数器T1优先级设定位。

PX1：外部中断1优先级设定位。

PT0：定时/计数器T0优先级设定位。

PX0：外部中断0优先级设定位。

当系统复位后，IP低5位均被清"0"，将所有中断源设为低优先级。

单片机的中断优先级控制有高、低两个级别。高优先级用"1"表示，低优先级用"0"表示。各中断源的优先级由中断寄存器IP进行设定。当有一个以上的中断源提出中断申请时，通过软/硬件决定优先处理中断源。首先响应优先级别高的中断请求。正在进行的中断过程不能被新的同级或低优先级的中断请求中断。正在进行的低优先级中断服务，能被高优先级中断请求中断。

自然优先级有硬件形成，INT0→T0→INT1→T1→TI/RI。

3）中断响应

CPU响应中断时，先置相应的优先级激活触发器，封锁同级和低级的中断。然后根据中断源的类别，在硬件的控制下，程序转向相应的矢量入口单元，执行中断服务程序。

执行完中断后，通常，在中断入口地址处安排一条跳转指令，以跳转到用户的服务程序入口。中断服务程序的最后一条指令必须是中断返回指令 RETI。CPU 执行完这条指令后，把响应中断时所置位的优先级激活，触发器清"0"，然后从堆栈中弹出两个字节内容（断点地址）装入程序计数器 PC 中；CPU 就从原来被中断处重新执行被中断的程序。对于定时/计数器 T0 和 T1 响应中断后，硬件自动清除 TF0 或 TF1；对于串行口，发送中断和接收中断后，由软件对 TI 和 RI 清"0"；对于外部中断请求，信号通过 D 触发器加到单片机 P3.2（或 P3.3）引脚上，当外部中断请求信号使 D 触发器的 CLK 端发生正跳变时，由于 D 端接地，Q 端输出 0，向单片机发出中断请求，CPU 响应中断后，利用 P1.0 作应答线，在中断服务程序中加撤除中断指令。

4）中断小结

TCON 和 SCON 是中断请求及控制中断的有效方式。IE 控制是否允许 CPU 响应中断，是否允许响应某一个中断。IP 控制中断的优先级。执行完中断后，必须返回。

```
EA = 1;              // 开总中断
ET0 = 1;             // 定时/计数器 0 允许中断
ET1 = 1;             // 定时/计数器 1 允许中断
TR0 = 1;             // 启动定时/计数器 0
TR1 = 1;             // 启动定时/计数器 1
```

3. 中断程序的编写

1）中断应用流程（见图 2-1-5）

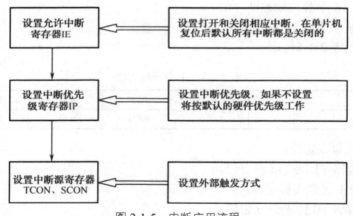

图 2-1-5 中断应用流程

2）中断服务子程序

（1）中断函数的用法。

```
void  函数名( ) interrupt m [using n]
```

m 对应中断源的编号 0～4 的整数，不允许用表达式。

n 指明该中断服务程序对应的工作寄存器组；取值范围为 0～3。

下面给出中断服务程序的 C51 写法。

外部中断 INT0：void intsvr0(void) interrupt 0 using 1

定时/计数器 T0：void timer0(void) interrupt 1 using 1

外部中断 INT1：void intsvr1(void) interrupt 2 using 1

定时/计数器 T1：void timer1(void) interrupt 3 using 1

串口中断：void serial0(void) interrupt 4 using 1

（2）中断程序的写法。

```
void 函数名()interrupt 中断号 using 工作组
{
    中断服务程序内容
}
```

在写单片机的定时器程序时，在程序开始处需要对定时器及中断寄存器做初始化设置，通常定时器初始化过程如下：

① 对 TMOD 赋值，以确定 T0 和 T1 的工作方式。

② 计算初值，并将初值写入 TH0、TL0 或 TH1、TL1。

③ 在中断方式时，则对 IE 赋值，开放中断。

④ 使 TR0 和 TR1 置位，启动定时/计数器定时或计数。

3）中断程序的编写

【例 2-1-1】 假设允许 INT0、INT1、T0、T1 中断，试设置 IE 的值。

源程序如下：

（1）用 C 语言字节操作指令：

```
IE=0x8f;    // 10001111,即 EX0=1,ET0=1,EX1=1,ET1=1,EA =1
```

IE 中断标志见表 2-1-6。

表 2-1-6 IE 中断标志

IE	EA			ES	ET1	EX1	ET0	EX0
设　　置	1	0	0	0	1	1	1	1

（2）用 C 语言位操作指令：

```
EX0=1;    //允许外部中断 0 中断
ET0=1;    //允许定时/计数器 0 中断
EX1=1;    //允许外部中断 1 中断
ET1=1;    //允许定时/计数器 1 中断
EA =1;    //开总中断控制
```

【例 2-1-2】 设定时/计数器 T0 为高优先级，试设置 IP 的值。

源程序如下：

（1）C 语言字节操作指令：

```
IP=0x02;  // 00010000
```

IP 中断标志见表 2-1-7。

表 2-1-7 IP 中断标志

IP				PS	PT1	PX1	PT0	PX0
指　　令				0	0	0	1	0

（2）用 C 语言位操作指令：

```
PT0=1;        //定时/计数器 T0 设定优先
```

51 单片机的默认（此时的 IP 寄存器不做设置）中断优先级为

外部中断 0→定时/计数器 0→外部中断 1→定时/计数器 1→串行中断。

但这种优先级只是逻辑上的优先级，当同时有几种中断到达时，高优先级中断会先得到服务。这种优先级实际上是在中断同时到达的情况下，谁先得到服务的优先级，而不是可提供中断嵌套能力的优先级。这种优先级称为逻辑优先级。

例如，当计数器 0 中断和外部中断 1（优先级：计数器 0 中断→外部中断 1）同时到达时，会进入计时器 0 的中断服务函数；但是在外部中断 1 的中断服务函数正在服务的情况下，这时任何中断都是打断不了它的，包括逻辑优先级比它高的外部中断 0、计数器 0 中断。

要实现真正的嵌套形式的优先级，即高优先级中断服务可以打断低优先级中断服务的情况，必须通过设置中断优先级寄存器 IP 来实现；这种优先级称为物理优先级。

例如，设置 IP=0x10，即设置串口中断为最高优先级，则串口中断可以打断任何其他的中断服务函数实现嵌套，且只有串口中断能打断其他中断的服务函数。若串口中断没有触发，则其他几个中断之间还是保持逻辑优先级，相互之间无法嵌套。

【例 2-1-3】 单片机 P3.1（INT0）引脚接有按钮开关，按下此按钮开关后，P1.0 引脚所接的 LED 点亮，再次按下后 LED 熄灭。

源程序如下：

```c
#include<reg51.h>
sbit P1_0=P1^0;
void main()
{
IT0=1;                    //设置为下降沿触发
EA=1;                     //开总中断
EX0=1;                    //开外部中断
while(1);
}
void int0_my() interrupt 0
{
 P1_0 =~P1_0;             //取反 P1.0
}
```

【例 2-1-4】 单片机 P3.2（INT1）引脚的按键按下，P1 口灯闪烁。

源程序如下：

```c
#include<reg51.h>
#define LED P1
void delay()
{
unsigned int i;
for(i=0;i<65000;i++) ;
}
void int1_ my() interrupt 1
```

```
{
LED = 0x00;
delay();
LED = 0xff;
delay();
}
void main()
{
IT1=1;                          //负边沿触发
EX1=1;
EA=1;
While(1);                       //停在该语句处循环
}
```

【例 2-1-5】 通过外部中断 1 所接的轻触开关，循环点亮 P0 口跑马灯。

源程序如下：

```
#include<reg52.h>
unsigned char led;
main()
{
IT1=1;                          //下降沿触发
EX1=1;                          //开外部中断 1
EA=1;                           //开总中断
while(1);
}
void int1_ser() interrupt 0
{
unsigned char i;
unsigned int j;
led=0x01;
for(i=0;i<8;i++)                //控制灯轮流点亮
{
P0 =~ led;
for(j=5000;j>0;j--);
led = led<<1;
}
}
```

（三）计数器/定时器

1. 计数概念

生活中计数的例子处处可见。如家中的电度表、汽车上的里程表等。我们常用的是十进制计数法，计数单位是个、十、百、千、万、十万……每相邻的两个计数单位之间的进率都是十，在单片机上用的是二进制、十进制、十六进制，每相邻的两个计数单位之间的进率是二、十或者十六。

2. 计数器的容量

看一个生活中的例子：数字时钟，从 0 点 0 分 0 秒开始，随着时间的流逝，对于 24 小时计时制，到 23 时 59 分 59 秒，再过一秒，又变成了 0 点 0 分 0 秒。时钟显示的最大值就是 23 时 59 分 59 秒。也就是说容量是有限的。那么单片机中的计数器有多大的容量呢？单片机 89S51 有两个计数器，分别称为 T0 和 T1，这两个计数器都是由两个 8 位的 RAM 单元组成，即每个计数器都是 16 位的，所以，最大的计数量是 $2^{16} = 65536$，是从 0～65535。在计算机中，把 0 作为起始点，如 P0，P1 等。

从 23 时 59 分 59 秒，再过一秒，变成了 0 点 0 分 0 秒，计时发生了变化，重新开始。这一现象在单片机中的术语为"溢出"，计数器溢出后会使得 TF0 由"0"变为"1"，一旦 TF0 由"0"变为"1"，就是产生了变化，产生了变化就会引发工作状态的变化。就像时钟从最大值变到了重新开始。

3. 定时

大家均匀的从 1～60 数数字，差不多就是 1min。可见，计数的次数和时间之间有关，计数器除了可以作为计数之用外，还可以用做时钟，如时钟走一个小时，就相当于秒针走了三千六百次，在这里时间就转化为秒针走的次数，即秒针每一次走动的时间正好是 1s。

结论：定时器在时钟脉冲（又称计数脉冲）作用下工作。定时/计数器分为加计数器和减计数器，定时器和计数器其实为同一器件。只不过计数器是记录的外界发生的事情，而定时器则是由单片机提供一个稳定的计数源，然后把计数源的计数次数转化为定时器的时间。一个定时/计数器同一时刻要么做定时用，要么做计数用，不能同时既做定时又做计数用。单片机中的计数源是什么呢？参看图 2-1-6。

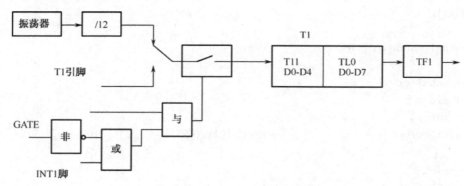

图 2-1-6　计数/定时器的原理

由图 2-1-6 可看出，计数源就是由单片机的晶振 12 分频后获得的一个脉冲源。晶振的频率非常准确，因此，计数脉冲的时间间隔也很准。图中的开关就是把计数源的计数次数转化为定时器的时间。

结论：计数脉冲的间隔与晶振有关。

4. 任意定时及计数的方法

对于 51 系列单片机，计数器的容量是 16 位，最大可计数 65536 个，因此，计数超过 65536 就会产生溢出。但在现实生活中，经常会有少于 65536 个计数值的要求，如要邮寄两本书，但邮局提供的盒子可以放五本书，通常先填充点东西再放书。用专业术语讲，我们采用预置数的方法，要计 100 个脉冲，那就先放进 65436 个脉冲，再来 100 个脉冲，不就到了 65536 了吗。

定时也是如此，每个脉冲是 1μs，要计满 65536 个脉冲需时 65.536ms，但现在只要 10ms 就可以了，怎么办？10ms 为 10000μs，所以，只要在计数器里面放进 55536 个脉冲就可以了。

5. 定时/计数器的工作方式

由图 2-1-7 所示的定时/计数器结构原理可以看出，51 系列单片机内部由两个独立的 8 位专用寄存器，即 16 位可编程的定时/计数器组成，即 T0 由 TH0 和 TL0 构成，T1 由 TH1 和 TL1 构成。这些寄存器是用于存放定时或计数初值的。其内部还有一个 8 位的定时器方式寄存器 TMOD 和一个 8 位的定时控制寄存器 TCON。这些寄存器之间是通过内部总线和控制逻辑电路连接起来的。TMOD 主要用于选定定时器的工作方式；TCON 主要用于控制定时器的启动和停止及定时器的状态（是计数还是定时），还可以保存 T0、T1 的溢出和中断标志。其访问地址依次为 8AH～8DH。每个寄存器均可单独访问。这些寄存器是用于存放定时或计数初值的。这些寄存器之间是通过内部总线和控制逻辑电路连接。它实质上就是一个加 1 计数器，受软件控制。

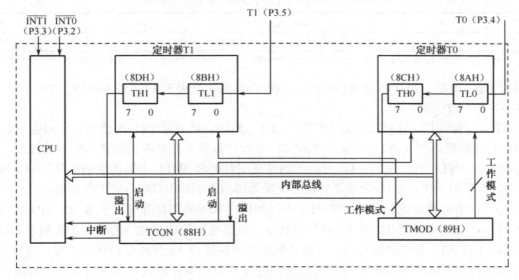

图 2-1-7　定时/计数器结构原理

当定时/计数器为定时工作方式时，计数器的加 1 信号由振荡器的 12 分频信号产生，即每过一个机器周期，计数器加 1，直至计满溢出为止。显然，定时器的定时时间与系统的振荡频率有关。因为一个机器周期等于 12 个振荡周期，如果晶振为 12MHz，则计数周期为 $T=1/(12\times10^6)$Hz$\times$ $1/12=1$μs。

实际上，定时器就是单片机机器周期的计数器。这是最短的定时周期。若要延长定时时间，则需要改变定时器的初值，并要适当选择定时器的长度（如 13 位、16 位等）。

当定时/计数器为计数工作方式时，计数脉冲来自相应的外部输入引脚 T0（P3.4）或 T1（P3.5）。在这种情况下，当检测到输入引脚上的电平由高跳变到低时，计数器就加 1。检测一个由 1～0 的跳变需要两个机器周期，故外部事件的最高计数频率为振荡频率的 1/24。例如，如果选用 12MHz 晶振，则最高计数频率为 0.5MHz。虽然对外部输入信号的占空比无特殊要求，但为了确保某给定电平在变化前至少被采样一次，外部计数脉冲的高电平与低电平保持时间均需在一个机器周期以上。

综上所述，已知定时/计数器是一种可编程部件，所以在定时/计数器开始工作之前，CPU必须将一些命令（称为控制字）写入定时/计数器。将控制字写入定时/计数器的过程称为定时/计数器初始化。在初始化过程中，要将工作方式控制字写入方式寄存器，工作状态字（或相关位）写入控制寄存器，赋定时/计数初值。

控制寄存器定时/计数器 T0 和 T1 有两个控制寄存器 TMOD 和 TCON，它们分别用来设置各个定时/计数器的工作方式，选择定时或计数工作方式，控制启动方式，以及作为运行状态的标志等。其中，TCON 寄存器中另有 4 位用于中断系统。

1）TMOD 定时/计数器工作方式寄存器

定时/计数器方式控制寄存器 TMOD 在特殊功能寄存器中，字节地址为 89H，无位地址。TMOD 的格式见表 2-1-8。

表 2-1-8　定时/计数器工作方式寄存器（TMOD）

D7	D6	D5	D4	D3	D2	D1	D0
GATE	C/$\overline{\text{T}}$	M1	M0	GATE	C/$\overline{\text{T}}$	M1	M0
◄──────── 定时器 1 ────────►				◄──────── 定时器 0 ────────►			

由表 2-1-8 可见，TMOD 分成两部分，TMOD 的高 4 位用于 T1，低 4 位用于 T0。

各种符号的含义如下。

GATE：门控制位。GATE 和软件控制位 TR、外部引脚信号 INT 的状态，共同控制定时/计数器的打开或关闭。当 GATE=1 时，T0、T1 是否计数要受到外部引脚输入电平的控制，INT0 引脚控制 T0，INT1 引脚控制 T1。可用于测量在 INT0 和 INT1 引脚出现的正脉冲的宽度。若 GATE=0，即门控关闭，定时/计数器的运行不受外部输入引脚 INT0、INT1 的控制。

C/$\overline{\text{T}}$：定时/计数器选择位。C/$\overline{\text{T}}$=1，为计数器方式，外部脉冲通过引脚 T0（P3.4）或 T1（P3.5）输入，此时定时器 T0 或 T1 对外部脉冲（负跳变）计数。允许的最高计数频率为晶振频率的 1/24。C/$\overline{\text{T}}$=0，为定时器方式。内部计数器对晶振脉冲 12 分频后的脉冲计数，该脉冲周期等于机器周期，所以，可以理解为对机器周期进行计数。从计数值可以求得计数的时间，所以称为定时器模式。

M1 M0：工作方式选择位，定时/计数器的 4 种工作方式由 M1 M0 设定。

表 2-1-9　定时/计数器工作方式选择

M1 M0	工作方式	功能描述
0　0	工作方式 0	13 位计数器
0　1	工作方式 1	16 位计数器
1　0	工作方式 2	自动重装初值 8 位计数器
1　1	工作方式 3	定时器 T0：分成两个 8 位计数器；定时器 T1：停止计数

定时/计数器方式控制寄存器 TMOD 不能进行位寻址，只能用字节传送指令设置定时器工作方式，低半字节定义为定时器 0，高半字节定义为定时器 1。复位时，TMOD 所有位均为 0。

例如，设定定时器 1 为定时工作方式，要求软件启动定时器 1 按方式 2 工作。定时器 0 为计数方式，要求由软件启动定时器 0，按方式 1 工作。

怎么来实现这个要求呢？观察 TMOD 寄存器各位的分布图：

控制定时器 1 工作在定时方式或计数方式是哪个位？我们知道，$C/\overline{T}$ 位（D6）是定时或计数功能选择位，当 $C/\overline{T}=0$ 时，定时/计数器就为定时工作方式。所以，要使定时/计数器 1 工作在定时器方式就必须使 D6 为 0。

设定定时器 1 按方式 2 工作。要使定时/计数器 1 工作在方式 2，M0（D4）M1（D5）的值必须是 1 0。

设定定时器 0 为计数方式。定时/计数器 0 的工作方式选择位也是 $C/\overline{T}$（D2），当 $C/\overline{T}=1$ 时，工作在计数器方式。

由软件启动定时器 0，当门控位 GATE=0 时，定时/计数器的启停就由软件控制。

设定定时/计数器工作在方式 1，使定时/计数器 0 工作在方式 1，M0（D0）M1（D1）的值必须是 0 1。

从上面的分析可以知道，只要将 TMOD 的各位，按规定的要求设置好后，定时/计数器就会按预定的要求工作。这个例子最后各位的情况见表 2-1-10。

表 2-1-10　各位的情况

D7	D6	D5	D4	D3	D2	D1	D0
0	0	1	0	0	1	0	1

二进制数 00100101=十六进制数 25。所以，执行 TMOD=0x25 这条指令就可以实现上述要求。

2）TCON 定时/计数器控制寄存器

TCON 也被分成两部分，高 4 位用于定时/计数器，低 4 位则用于中断。TCON 在特殊功能寄存器中，字节地址为 88H，位地址为 88H～8FH，由于有位地址，十分便于进行位操作。TCON 的作用是控制定时/计数器的启动、停止、溢出中断、外部中断和触发情况。TCON 定时/计数器控制寄存器见表 2-1-11。

表 2-1-11　定时/计数器控制寄存器（TCON）

位　地　址	8FH	8EH	8DH	8CH	8BH	8AH	89H	88H
位　符　号	TF1	TR1	TF0	TR0	IE1	IT1	IE0	IT0
	←――――定时/计数器――――→				←――――中断――――→			

各种符号的含义如下。

TF1：定时器 1 溢出标志位。当定时器 1 计满溢出时，由硬件使 TF1 由 0 变为 1，并且申请中断。进入中断服务程序后，由硬件自动清"0"，在查询方式下用软件清"0"。

TR1：定时器 1 运行控制位。由软件清"0"，关闭定时器 1。当 GATE=1，且 INT1 为高电平时，TR1 置"1"，启动定时器 1；当 GATE=0 时，TR1 置"1"，启动定时器 1。

TF0：定时器 0 溢出标志。其功能及操作情况同 TF1。

TR0：定时器 0 运行控制位。其功能及操作情况同 TR1。

IE1：外部中断 1 请求标志。

IT1：外部中断 1 触发方式选择位。

IE0：外部中断 0 请求标志。

IT0：外部中断 0 触发方式选择位。

3）定时/计数器设置实例

因为在不同工作方式下计数器位数不同，因而最大计数值也不同。设最大计数值为 M，那么各方式下的最大值 M 值为

方式 0：$M=2^{13}=8192$

方式 1：$M=2^{16}=65536$

方式 2：$M=2^8=256$

方式 3：定时器 0 分成两个 8 位计数器，所以两个 M 均为 256。

因为定时/计数器是作"加 1"计数，并在计数满溢出时产生中断，因此初值 X 为

计数功能：$X=2^n-$计数值　　　n：8 或 13 或 16

定时功能：$X=2^n-t/T$　　　t：定时时间　　　T：机器周期

以定时/计数器 T0 为例，在方式 0 下，TL0 的低 5 位和 TH0 的 8 位构成 13 位计数器，因此，在计数工作方式时，计数值的范围是 0～（$2^{13}-1$）。

当设定为定时工作方式时，定时时间的计算公式为

（$2^{13}-$计数初值）×晶振周期×12 或（$2^{13}-$计数初值）×机器周期

若单片机系统的外接晶振频率为 12MHz，则该系统的最小定时时间为

$[2^{13}-（2^{13}-1）]×[1/（12×10^6）]×12=10^{-6}=1$（μs）

最大定时时间为

（$2^{13}-0$）×$[1/（12×10^6）]×12=16384×10^{-6}=8192$（μs）$=8.192$（ms）

或最小定时单位×$10^{13}=8192$（μs）$=8.192$（ms）

例如，单片机外接晶振频率为 12MHz，使用定时器 1，以方式 0 定时，从 P1.0 输出 2ms 方波的计算和设置方法如下：

（1）计算计数初值。欲产生 2ms 的方波脉冲，只需在 P1.0 端以 1ms 为周期交替输出高低电平即可实现，为此定时时间应为 1ms。使用 12MHz 晶振，则机器周期为

机器周期=12/晶振频率=12/（12×10^6）=1（μs）

方式 0 为 13 位计数结构。设待求的计数初值为 X，则：

（$2^{13}-X$）×$10^{-6}=1×10^{-3}$

求解得：

$X=7192$

化为二进制数表示为 1110000011000。

用十六进制表示，高 8 位为 E0H，放入 TH1；低 5 位为 F8H，放入 TL1。

（2）TMOD 寄存器初始化。为把定时/计数器 1 设定为方式 0，设置 M1 M0 = 0 0；为实现定时功能，应使 $C/\overline{T}=0$；为实现定时/计数器 1 的运行控制，设置 GATE= 0。定时/计数器 0 不用，有关位设定为 0。因此，TMOD 寄存器应初始化为 00H。

（3）由定时器控制寄存器 TCON 中的 TR1 位控制定时的启动和停止，TR1 = 1 启动，TR1 = 0 停止。

若使其工作在方式 1，定时/计数器为 16 位定时/计数器，即加法计数器由 TH0 全部 8 位和 TL0 全部 8 位构成 16 位，其余与方式 0 完全相同，因此，计算 TH0 和 TL0 初值的方法也和工作方式 0 类似，只是需要注意原来 13 位的地方现在要换成 16 位。

4）编程实例

由于定时/计数器的功能是由软件编程确定的，所以，一般在使用定时/计数器前都要对其进

行初始化，使其按设定的功能工作。初始化的一般步骤如下：

（1）功能选择（定时/计数，即对 TMOD 赋值）；

（2）位数选择（8 或 13 或 16 位；初值写入）；

（3）启动选择（内部启动/外部启动）；

（4）启动控制（直接对 IE 位赋值）。

【例 2-1-6】 这是一个简单的定时器程序，由一个循环组成，把接在 P1.0 口的 LED 点亮之后，延时一段时间，再灭掉 LED，又延时一段时间，之后循环到前面。按全速运行，可以看到 P1.0 口上接的 LED 灯不断地闪烁。

源程序如下：

```
#include<reg51.h>          //51 标准内核的头文件
sbit P1_0 = P1^0;          //要控制的 LED 灯
sbit K1 = P3^2;            //按键 K1
void main(void)            //用定时器中断闪烁 LED 主程序
{
    TMOD=0x01;             //定时器 0,16 位工作方式
    TR0=1;                 //启动定时器
    ET0=1;                 //打开定时器 0 中断
    EA=1;                  //打开总中断
    while(1)               //程序循环
    {
        ;                 //主程序在这里就不断自循环,在实际应用中,这里是有任务要做
    }
}
timer0() interrupt 1       // 定时器 0 中断是 1 号
{
    TH0=0x00;              //写入定时器 0 初始值
    TL0=0x06;
    P10=~P10;              //反转 LED 灯的亮和灭
}
```

在程序中，使用了定时器 0，工作在方式 1，即 16 位工作方式。while()循环后面直接一个分号，表示这个循环里面什么事情也不做，就等循环完成指定的次数就退出来。这也是指令循环延时的最常见的 C 写法。

【例 2-1-7】 这是一个跑马灯程序，使用了定时器 2。

源程序如下：

```
#include <reg51.h>                              //包括一个 51 标准内核的头文件
sbit P1_0 = P1^0;                               //头文件中没有定义的 I/O 要自己来定义
sbit P1_1 = P1^1;
sbit P1_2 = P1^2;
sbit P1_3 = P1^3;
bit ldelay=0;                                   //长定时溢出标记,预置是 0
void main(void)                                 //定时器中断方式的跑马灯主程序
{
unsigned char code ledp[4]={0xfe,0xfd,0xfb,0xf7}; //预定的写入 P1 的值
```

```
unsigned char ledi;                    //用来指示显示顺序
 RCAP2H =0x10;                         //赋 T2 的预置值为 0x1000,溢出 30 次就是 1s
RCAP2L =0x00;
TR2=1;                                 //启动定时器
 ET2=1;                                //打开定时器 2 中断
 EA=1;                                 //打开总中断
while(1)                               //主程序循环
 {
 if(ldelay)                            //发现有时间溢出标记,进入处理
 {
 ldelay=0;                             //清除标记
  P1=ledp[ledi];                       //读出一个值送到 P1 口
 ledi++;                               //指向下一个
if(ledi==4)ledi=0;                     //到了最后一个灯就换到第一个
 }
 }
}
timer2() interrupt 2                   //定时器 2 中断
{
 static unsigned char t;
 TF2=0;
 t++;
 if(t==30)                             //T2 的预置值为 0x1000,溢出 30 次就是 1s
 {
 t=0;
 ldelay=1;                             //每次长时间的溢出,就置一个标记,以便主程序处理
 }
}
```

【例 2-1-8】　利用定时器 0 工作方式 1，实现一个发光管以 1s 亮灭闪烁。
源程序如下：

```
#include<reg51.h>
#define uchar unsigned char
#define uint unsigned int
sbit led1=P1^0;
uchar num;
void main()
{
 TMOD=0x01;                            //设置定时器 0 位工作模式 1（M1,M0 为 0,1）
 TH0=(65536-45872)/256;                //装初值 11.0592MHz 晶振定时 50ms 数为 45872
 TL0=(65536-45872)%256;
EA=1;                                  //开总中断
ET0=1;                                 //开定时器 0 中断
TR0=1;                                 //启动定时器 0
while(1)
 {
```

```
       if(num==20)                     //如果到了 20 次,说明 1s 时间
       {
       led1=~led1;                      //让发光管状态取反
       num=0;
        }
         }
   }
   void T0_time()interrupt 1
   {
     TH0=(65536-45872)/256;            //重新装载初值
     TL0=(65536-45872)%256;
     num++;
```

【例 2-1-9】 设单片机的振荡频率为 12MHz,用定时/计数器 0 的模式 1 编程,在 P1.0 引脚产生一个周期为 1000μs 的方波,定时器 T0 采用中断的处理方式。

定时器的分析过程。

(1)工作方式选择:需要产生周期信号时,选择定时方式。定时时间到了对输出端进行周期性的输出即可。

(2)工作模式选择:根据定时时间长短选择工作模式。

首选模式 2,可以省略重装初值操作。

(3)定时时间计算:周期为 1000μs 的方波要求定时器的定时时间为 500μs,每次溢出时,将 P1.0 引脚的输出取反,就可以在 P1.0 上产生所需要的方波。

(4)定时初值计算:振荡频率为 12MHz,则机器周期为 1μs。设定时初值为 X,

$(65536-X) \times 1μs = 500μs$

$X = 65036 = 0FE0CH$

定时器的初值为 TH0=0FEH, TL0=0CH

源程序如下:

```
   #include  <reg52.h>                 //包含特殊功能寄存器库
   sbit  P1_0=P1^0;                    //进行位定义
   void main( )
   {
   TMOD=0x01;                          //T0 做定时器,模式 1
   TL0=0x0c;
   TH0=0xfe;                           //设置定时器的初值
   ET0=1;                              //允许 T0 中断
   EA=1;                               //允许 CPU 中断
   TR0=1;                              //启动定时器
   while(1);                           //等待中断
   }
   void  time0_int(void)  interrupt 1
   {                                   //中断服务程序
   TL0=0x0c;
   TH0=0xfe;                           //定时器重赋初值
   P1_0=~P1_0;                         //P1.0 取反,输出方波
   }
```

【例 2-1-10】 数码管显示应用，让一只数码管循环显示 0～9。

（1）参考电路图如图 2-1-8 所示。

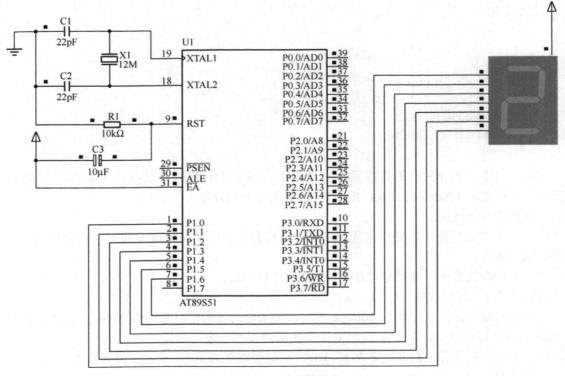

图 2-1-8　数码管显示

（2）参考源程序：

```
#include<reg51.h>                      //头文件
unsigned char code Table[10]={0xc0,0xf9,0xa4,0xb0,0x99,0x92,0x82,0xf8,0x80,0x90,};
// 显示数值表 0～9
void Delay(unsigned int t);            //函数声明
void mian (void)
{
unsigned char i;                       //定义局部变量 i
while (1)                              //主循环
   {
for(i=0;i<10;i++)                      //循环执行 0～9
 P1= Table[i];                         //循环调用数值表 0～9
 Delay(50000);                         //延时
   }
   }
}
void Delay(unsigned int t)
{
 while(--t);
}
```

三、任务实施

我们用三步来设计秒表，第一步是原理图设计，第二步是软件设计，第三步是联调。想一下，秒表电路的原理图应该怎样？可以用项目一的最小系统实现，只是输出由一只灯变为了数码管。秒表显示的范围是 00～59，是二位数，因为选用的显示元件是数码管，所以，最少要两个八段的数码管或一个二位一体的数码管，就可以实现秒表的功能了，但由于用的是本项目专门的 PCB，故使用了两个四位一体的共阴极数码管。在 AT89S51 单片机的第九引脚接一个复位开关，作为手动清"0"的按钮，用单片机的 P0.0～P0.7 接一个共阴极数码管的段码，作为 00～59 数字的显示，用单片机的 P2.0～P2.4 接共阴极数码管的位码，作为 00～59 数字的个位或十位数显示，具体参考秒表原理图。第二步软件设计。第三步联调，用 keil 和 Proteus 进行软/硬件仿真；进行实际的制作，完成计数任务。

1. 参考源程序

```
#include <reg52.h>                                    //头文件
#define uchar unsigned char                           //声明变量
#define uint unsigned int
uchar cnt,miao_ge,miao_shi;                           //计数变量
uchar code ledcode[]={0x3f,0x06,0x5b,0x4f,0x66,0x6d,0x7d,0x07,0x7f,0x6f,0x77,0x7c,
0x39,0x5e,0x79,0x71};                                 //0～F
uchar code ledwei[]={0XFE,0XFD,0XFB,0XF7,0XEF,0XDF,0XBF,0X7F};    //位码
void delay(uint z)                                    //延时函数
{
    while(z--);
}
void   led(uchar duan,wei)
{
    P2=ledwei[wei];                                   //P2 口为段码显示
    P0=ledcode[duan];                                 //P0 口为位码显示
}
void timer0() interrupt 1                             //定时中断子程序
{
TH0=0x3C;                                             //给定时器赋初值 50ms
    TL0=0xB0;
    cnt++;                                            //中断一次加一
}
void main()                                           //主程序
{
    uchar miao;                                       //初始化
    TMOD=0x01;                                        //设置定时器 0 工作方式 1
    TH0=0x3C;                                         //50ms 定时
    TL0=0xB0;
    EA=1;                                             //开总中断
    ET0=1;                                            //开定时/计数器 0 中断
    TR0=1;                                            //启动定时/计数器 0
    while(1)                                          //循环
    {
```

```
            if(cnt==20)                          //计数
            {
                cnt=0;                           //中断标志位 0
                miao++;
                if(miao==60)                     //满 60 变为 0
                {
                    miao=0;
                }
            }
            miao_ge=miao%10;
            miao_shi=miao/10;
            led(miao_ge,7);                      //第 8 个数码管
            delay(500);                          //延时
            led(miao_shi,6);                     //第 7 个数码管
            delay(500);                          //延时
        }
    }
```

2. 仿真

经 Keil 软件编译通过后，可利用 Proteus 软件进行仿真。在 Proteus ISIS 编辑环境中绘制仿真电路图，如图所示，并将编译好的“.hex”文件载入 AT89S51。启动仿真，即可看到数码管上显示 00～59，某时刻的仿真效果如图 2-1-9 所示。

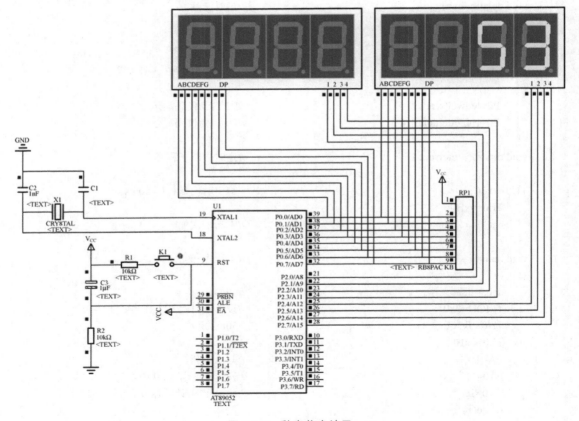

图 2-1-9　秒表仿真效果

任务二 按键变数的设计与制作

一、任务分析

利用按键通过单片机来控制数码管，使显示的数字变大、变小或为零，学习独立按键和矩阵按键的识别方法和技术、按键抖动消除等内容。

二、任务准备

（一）按键

1. 按键概述

按键简单来说就是一个开关。按键根据结构可分为两类，一类是触点式开关按键，如机械式开关、导电橡胶式开关等；另一类是无触点式开关按键，如电气式按键，磁感应按键等。目前，单片机系统中最常见的是触点式开关按键。

2. 按键功能

在单片机应用系统中，除了复位按键有专门的复位电路及唯一的复位功能外，其他按键都是以开关状态来设置控制功能或输入数据的。当所设置的功能键或数字键按下时，应用系统完成该按键所设定的功能，键信息输入是与软件结构密切相关的过程。按键在单片机中具有复位、输入和控制等作用，即可以通过键盘向单片机输入指令、地址和数据。

对于一组键或一个键盘，总有一个接口电路与 CPU 相连。CPU 可以采用查询或中断方式了解有无将键输入，并检查是哪一个键按下，将该键号送入累加器 ACC，然后通过跳转指令转入执行该键的功能程序，执行完后再返回主程序。

3. 按键结构与特点

单片机中应用的一般是机械触点式按键。其主要功能是把机械上的通断转换成为电气上的逻辑关系。也就是说，它能提供标准的 TTL 逻辑电平，以便与通用数字系统的逻辑电平相容。

机械式按键在按下或释放时，由于机械弹性作用的影响，通常伴随有一定时间的触点机械抖动，然后其触点才稳定下来。抖动时间的长短与开关的机械特性有关，一般为 5~10ms。在图 2-2-1 中，当开关 S 未被按下时，a 输入为高电平，S 闭合后，a 输入为低电平。由于按键是机械触点，当机械触点断开、闭合时，会有抖动，a 输入端的波形，如键盘按键瞬间抖动波形如图 2-2-2 所示。抖动过程引起电平信号的波动，有可能令单片机误解为多次按键操作，从而引起误处理。

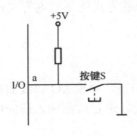

图 2-2-1 按键功能

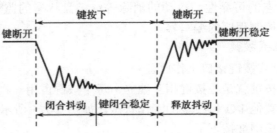

图 2-2-2 键盘按键瞬间抖动波形

为了确保 CPU 对一次按键动作只确认一次按键，必须消除抖动的影响。按键的消抖，通常有软件、硬件两种消除方法。

（1）硬件消抖：这种方法适用于键的数目较少的情况。主要采用双稳态电路或 RC 滤波电路，如图 2-2-3 和图 2-2-4 所示。

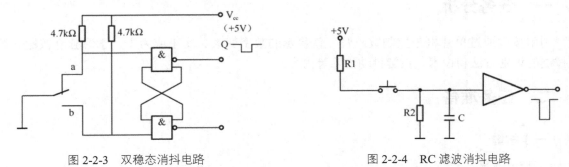

图 2-2-3　双稳态消抖电路　　　　图 2-2-4　RC 滤波消抖电路

在图 2-2-3 中，两个"与非"门构成一个双稳态电路，利用双稳态特性保证其输出为矩形波；图 2-2-4 利用电容的充放电实现消抖的功能。

（2）软件消抖：如果按键较多，常用软件方法消抖，即检测出键闭合后执行一个延时程序，产生 5～10ms 的延时，让前沿抖动消失后再一次检测键的状态，如果仍保持闭合状态电平，则确认为真正有键按下。当检测到按键释放后，也要给 5～10ms 的延时，待后沿抖动消失后才能转入该键的处理程序。

这种方式实现的按键软件消抖，作为基础学习和一些简单的系统中可以采用，但在多数的产品设计中不可行。把单个按键作为一个简单的系统，根据状态机的原理（软件工程中的概念。状态机是一个抽象的概念，即把一个过程抽象为若干个状态之间的切换，这些状态之间存在一定的联系。）对其动作的操作和确认的过程进行分析，并用状态图表示出来，然后根据状态图编写出按键接口程序，大家可以参考有关资料。

（3）串键处理：串键是指同时有一个以上的键按下，串键会引起 CPU 错误响应。通常采取的策略。单键按下有效，多键同时按下无效。

（4）连击处理：连击是一次按键产生多次击键的效果。要有对按键释放的处理，为了消除连击，使得一次按键只产生一次键功能的执行（不管一次按键持续的时间多长，仅采样一个数据）。否则，键功能程序的执行次数将是不可预知，由按键时间决定。

（二）键盘接口工作原理和方式

常用键盘接口分为独立式键盘和矩阵式键盘。在实际应用键盘时经常要考虑很多问题，例如，开关状态的可靠性，抖动的消除等；键盘状态的监测是中断方式还是查询方式；键盘编码方法；键盘控制程序的编写等。

1. 独立式按键

1）独立式按键接口工作原理

独立式按键就是各按键相互独立，每个按键占用一根 I/O 口线，每根 I/O 口线的按键工作状态不会影响其他 I/O 口线上的工作状态，如图 2-2-5 所示。因此，通过检测输入线的电平状态可以判断哪个按键被按下了。

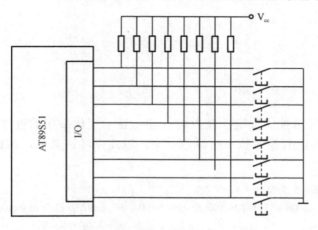

图 2-2-5　独立式按键接口键盘电路

图 2-2-5 所示是独立式按键接口键盘电路，各按键开关均采用上拉电阻，是为了保证在按键断开时，各 I/O 有确定的高电平。如输入口线内部已有上拉电阻，则外电路的上拉电阻可省去。

也可以用扩展 I/O 口搭接独立式按键接口电路，可采用 8255 扩展 I/O 口，用三态缓冲器扩展。这两种配接方式，都是把按键当做外部 RAM 某一工作单元的位来对待，通过读片外 RAM 的方法，识别按键的工作状态。

2）独立式按键编程实例

【例 2-2-1】　编写用独立按键控制 LED 灯亮暗的程序，按一次按键，LED 点亮，再按一次熄灭，以此循环；其中，按键接 P3.2 口，LED 灯接 P1.1 口。

```
#include<reg52.h>                    //头文件
sbit KEY=P3^2;                       //定义按键输入端口
sbit LED=P1^1;                       //定义 LED 输出端口
void delay10ms()                     //时钟频率 12MHz,延时 10ms 子程序
{
unsigned char a,b;
for(a=100;a>0;a--)
for(b=255;b>0;b--);
}
void main (void)
{
KEY=1;                               //按键输入端口电平置高
while (1)                            //主循环
  {
  if(!KEY)                           //检测按键
    {
     delay10ms();                    //延时去抖,一般 10~20ms
     if(!KEY)                        //确认按键是否按下,没有按下则退出
      {
       while(!KEY);                  //等待按键释放
        {
         LED=!LED;                   //释放后执行下面的程序
```

```
            }
        }
      }
    }
  }
```

【例 2-2-2】 编写用独立按键控制数码管动态显示变化数字的程序，按不同的按键，数码管显示不同的数字，没有按键按下时原值不变，以此循环；其中，按键接 P37 口，数码管接 P1 口。

```c
#include<reg51.h> // 头文件
unsigned char code Table[10]={0xc0,0xf9,0xa4,0xb0,0x99, 0x92,0x82,0xf8,0x80,0x90,};
                                        // 显示数值表 0~9

void main (void)
{
while (1)                               //主循环
  {
  switch(P3)                            //P3 口作为独立按键输入端
      {
        case 0xfe:P1=Table[1];break;    //0xfe = 1111 1110,说明连在 P3.0 端口的按键被按
                                        下,显示对应数字跳出循环
        case 0xfd:P1=Table[2];break;
        case 0xfb:P1=Table[3];break;
        case 0xf7:P1=Table[4];break;
        case 0xef:P1=Table[5];break;
        case 0xdf:P1=Table[6];break;
        case 0xbf:P1=Table[7];break;
        case 0x7f:P1=Table[8];break;
        default:break;                  //如果都没按下,直接跳出
      }

  }
}
```

从本题可以看出，独立式按键的程序常采用查询式结构。先逐位查询每根 I/O 口线的输入状态，如某一根 I/O 口线输入为低电平，则可确认该 I/O 口线所对应的按键已按下，然后，再转向该键的功能处理程序。在本题的基础上可以调节延时时间，观察 LED 灯的变化，看有无抖动；若按住按键不松，结果会如何？

独立式按键电路配置灵活，软件结构简单，但每个按键必须占用一根 I/O 口线，因此，在按键较多时，I/O 口线浪费较大，不宜采用。

2. 矩阵式按键

矩阵式按键适用于按键数量较多的场合，由行线和列线组成，按键位于行列的交叉点上。节省 I/O 口，如图 2-2-6 所示。

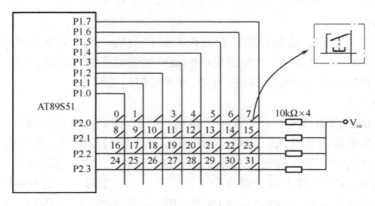

图 2-2-6 矩阵式按键接口电路

1）矩阵式按键工作原理

在矩阵式按键中，行、列线分别连接到按键开关的两端，行线通过上拉电阻接到 VCC 上。当无按键按下时，行线处于高电平状态；当有键按下时，行、列线将导通，行线电平状态将由与此行线相连的列线电平决定。列线电平为低，则行线电平为低；列线电平为高，则行线电平为高。这是判断按键是否按下的关键。然而，矩阵键盘中的行线、列线和多个键相连，各按键按下与否均影响该键所在行线和列线的电平，各按键间将相互影响，因此，必须将行线、列线信号配合起来作适当处理，才能确定闭合键的位置。矩阵式键盘，按键的位置由行号和列号唯一确定，因此，可分别对行号和列号进行二进制编码，然后将两值合成一个字节，高 4 位是行号，低 4 位是列号。来确定某位按键被按下来了。

2）矩阵式按键工作方式

在单片机应用系统中，键盘扫描只是 CPU 的工作内容之一。CPU 忙于各项任务时，如何兼顾键盘的输入，取决于键盘的工作方式。考虑系统中 CPU 任务的分量，来确定键盘的工作方式。键盘的工作方式选取的原则是，既要保证能及时响应按键的操作，又不过多的占用 CPU 的工作时间。键盘的工作方式有查询方式（编程扫描、定时扫描方式）、中断扫描方式。

（1）编程扫描方式。

编程扫描方式是查询方式检测是否有键按下的一种方法，键识别即确定被按下键所在的行列的位置由软件来完成，使所有行线都为低电平，列线为高电平，当键盘上没有键闭合时，所有的行线和列线断开，列线呈高电平。当键盘上某一个键闭合时，则该键所对应的行线与列线短路，列线呈低电平。逐行逐列的检测键盘状态的过程称为对键盘的一次扫描。CPU 对键盘扫描可以采取程序控制的随机方式，CPU 空闲时扫描键盘。也可采取定时控制方式，每隔一定时间，CPU 对键盘扫描一次，这就是定时扫描方式。

编程扫描方式是利用 CPU 完成其他工作的空余时间，调用键盘扫描子程序来响应键盘输入的要求。在执行键功能程序时，CPU 不再响应键输入要求，直到 CPU 重新扫描键盘为止。

在键盘扫描子程序中完成下述几个功能。

① 判断有无按键按下。

② 消除按键的机械抖动影响。

③ 求按下键的键值。

④ 键闭合一次仅进行一次键功能操作。

（2）定时扫描方式。

定时扫描方式如上所述，就是每隔一段时间对键盘扫描一次，它利用单片机内部的定时器产生一定时间（如 10ms）的定时，当定时时间到就产生定时器溢出中断。CPU 响应中断后对键盘进行扫描，并在有键按下时识别出该键，再执行该键的功能程序。

（3）中断扫描方式。

采用上述两种按键扫描方式时，无论是否按键，CPU 都要定时扫描键盘，而单片机应用系统工作时，并非经常需要键盘输入，因此，CPU 经常处于空扫描状态。为提高 CPU 工作效率，可采用中断扫描工作方式。其工作过程如下：当无键按下时，CPU 处理自己的工作，当有键按下时，产生中断请求，CPU 转去执行键盘扫描子程序，并识别键号。这时将图 2-2-6 所示接口电路稍加修改，列线接单片机 AT89S51 的 INT0（P3.2，第 12 脚）或 INT1（P3.3，第 13 脚），每当键盘上有闭合键时，向 CPU 请求中断，CPU 响应键盘输入中断，对键盘扫描，以识别哪一个键处于闭合状态，并对键输入信息作出相应的处理。

（4）矩阵式按键编程实例。

【例 2-2-3】 这是 4×4 矩阵式按键扫描方式的编程实例，按键控制数码管显示变化数字或字母，按不同的键，数码管显示不同的数字或字母，没有按键按下时原值不变，以此循环；其中，矩阵式按键接 P1 口，P1.0～P1.3 口接行线，P1.4～P1.7 口接列线，数码管接 P2 口。

```c
#include <reg51.h>
#define uchar unsigned char
#define uint unsigned int
uchar tab1[4][4]={      {0xee,0xde,0xbe,0x7e},
                        {0xed,0xdd,0xbd,0x7d},
                        {0xeb,0xdb,0xbb,0x7b},
                        {0xe7,0xd7,0xb7,0x77}   };       //0～F 的键值
uchar tab2[16]={0x3f,0x06,0x5B,0x4F,0x66,0x6D,0x7D,0x07,0x7F,0x67,0x77,0x7C,0x39,0x5E,0x79,0x71};
                                        //译成段码（共阴极）
void delayms(uchar a);                  //延时子程序
void kbscan();                          //键盘扫描子程序
main()
{
    P2=0xff;
    while(1)
        kbscan();
}
void delayms(uchar a)                   //延时
{
    uint i;
    while(a--)
            for(i=1000;i>0;i--);
}
void kbscan()                           //键盘扫描
{
    uint hang,lie,temp;
    uchar key;
```

```
        P1=0xf0;                          //置行为1,列为0,读行值
        if(P1!=0xf0)                       //判断有无按键被按下,相应的位变为0
        {
                delayms(10);               //延时、去抖
            if(P1!=0xf0)                    //如果if为真,确定有键被按下
                {
                    temp=P1;                //储存行读入的值
                switch(temp&0xf0)           //得对应按键的行号
                    {
                        case 0x70:hang=0;break;
                        case 0xb0:hang=1;break;
                        case 0xd0:hang=2;break;
                        case 0xe0:hang=3;break;
                    }
            }
            P1=0x0f;                        //置列为1,行为0,读列值
            if(P1!=0x0f)                     //判断有无按键被按下,相应的位变为0
                {
                    temp=P1;                //储存列读入的值
                    switch(temp&0x0f)        //得对应按键的列号
                    {
                        case 0x0e:lie=0;break;
                        case 0x0d:lie=1;break;
                        case 0x0b:lie=2;break;
                        case 0x07:lie=3;break;
                    }
                }
            key=tab1[hang][lie];            //求键号
        }
        P2=tab2[key];                       //点亮共阴极段码,显示键值
    }
```

矩阵式按键扫描方式的编程思路：通过键盘扫描方式扫描键盘按下键的位置，在键值表中查找被按下按键对应的键值显示。如例 2-2-3，假设 0 号键被按下。按键被按下前，P1.0～P1.3 口输出 1，P1.4～P1.7 口输出 0。0 号键按下后，行值为 1110；将该值保存在 temp 中，然后，给 P1.0～P1.3 口输出 0，P1.4～P1.7 口输出 1，此时，列值为 1110。所以，1110 1110=oxee，也就是 0 号键被按下了。

判断闭合键所在的位置：在确认有键按下后，即可进入确定具体闭合键的过程。其方法是依次将行线置为低电平，即在置某根行线为低电平时，其他线为高电平。在确定某根行线位置为低电平后，再逐行检测各列线的电平状态。若某列为低，则该列线与置为低电平的行线交叉处的按键就是闭合的按键。

关于键盘的键值是根据实际应用来确定的。例 2-2-3 中键值的求法见表 2-2-1～表 2-2-3。

表 2-2-1　键位表

0	1	2	3
4	5	6	7
8	9	A	B
C	D	E	F

表 2-2-2　键值表

列 行	P1.4 口 1110	P1.5 口 1101	P1.6 口 1011	P1.7 口 0111
P1.0 口 1110	ee	de	be	7e
P1.1 口 1101	ed	dd	bd	7d
P1.2 口 1011	eb	db	bb	7b
P1.3 口 0111	e7	d7	b7	77

表 2-2-3　键值表

列 行				
	oxee	oxde	oxbe	ox7e
	oxed	oxdd	oxbd	ox7d
	oxeb	oxdb	oxbb	ox7b
	oxe7	oxd7	oxb7	ox77

可以自己来更改键值。

【例 2-2-4】　这是 4×4 矩阵式按键中断方式的编程实例，按键控制数码管显示变化数字或字母，按不同的键，数码管显示不同的数字或字母，没有按键按下时原值不变，以此循环；其中，矩阵式按键接 P1 口，中断信号接 P3.2 口，数码管接 P0 口，其中，段码信号接 P2.2 口，位码信号接 P2.3 口。

```
#define KeyPort    P1
sbit LATCH1=P2^2;                                      //定义锁存使能端口 段锁存
sbit LATCH2=P2^3;                                      //位锁存
bit KeyPressFlag;                                      //定义按键标志位
unsigned char code DuanMa[]={0x3f,0x06,0x5b,0x4f,0x66,0x6d,0x7d,0x07,0x7f,0x6f,0x77,0x7c,0x39,
0x5e,0x79,0x71};                                       // 显示段码值 0～F
unsigned char code WeiMa[]={0xfe,0xfd,0xfb,0xf7,0xef,0xdf,0xbf,0x7f};
                                                       //分别对应相应的数码管点亮,即位码
unsigned char TempData[8];                             //存储显示值的全局变量
void DelayMs(unsigned char t);                         //延时
void Display(unsigned char FirstBit,unsigned char Num); //数码管显示函数
unsigned char KeyScan(void);                           //键盘扫描
unsigned char KeyPro(void);
void Init_Timer0(void);                                //定时器初始化
void Init_INT0(void);                                  //外部中断 0 初始化
```

```c
void main (void)                                    //主循环
{
unsigned char num,i,j;
unsigned char temp[8];
Init_Timer0();
Init_INT0();
while (1)
   {
   KeyPort=0xf0;                                    //赋值用于中断检测
  if(KeyPressFlag==1)
   {
   KeyPressFlag=0;                                  //按键标志清"0",以便下次检测
   num=KeyPro();
   if(num!=0xff)
     {
     if(i<8
       {
        temp[i]=DuanMa[num];
         for(j=0;j<=i;j++)
            TempData[7-i+j]=temp[j];
       }
     i++;
     if(i==9)                                       //多出一个按键输入是为了清屏,原本应该为8
       {
       i=0;
       for(j=0;j<8;j++)                             //清屏
          TempData[j]=0;
       }
     }
    }
 }
}
void DelayUs2x(unsigned char t)
{
 while(--t);
}
void DelayMs(unsigned char t)
{
      while(t--)
 {                                                  //大致延时 1ms
    DelayUs2x(245);
     DelayUs2x(245);
 }
}
void Display(unsigned char FirstBit,unsigned char Num)
{
```

```
    static unsigned char i=0;
     DataPort=0;                          //清空数据,防止有交替重影
     LATCH1=1;                            //段锁存
     LATCH1=0;
     DataPort=WeiMa[i+FirstBit];          //取位码
     LATCH2=1;                            //位锁存
     LATCH2=0;
     DataPort=TempData[i];                //取显示数据,段码
     LATCH1=1;                            //段锁存
     LATCH1=0;
     i++;
     if(i==Num)
         i=0;
}
void Init_Timer0(void)                    //定时器初始化子程序
{
  TMOD |= 0x01;   //使用模式1,16位定时器,使用"|"符号可以在使用多个定时器时不受影响
         TH0=0x00;                        //给定初值
  TL0=0x00;
  EA=1;                                   //总中断打开
  ET0=1;                                  //定时器中断打开
  TR0=1;                                  //定时器开关打开
}
void Timer0_isr(void) interrupt 1         //定时器中断子程序
{
  TH0=(65536-2000)/256;                   //重新赋值 2ms
  TL0=(65536-2000)%256;

  Display(0,8);                           //调用数码管扫描

}
unsigned char KeyScan(void)               //键盘扫描函数,使用行列逐级扫描法
{
  unsigned char Val;
  KeyPort=0xf0;                           //高四位置高,低四位拉低
  if(KeyPort!=0xf0)                       //表示有按键按下
    {
     DelayMs(10);                         //去抖
      if(KeyPort!=0xf0)
        {                                 //表示有按键按下
       KeyPort=0xfe;                      //检测第一行
           if(KeyPort!=0xfe)
               {
                 Val=KeyPort&0xf0;
                Val+=0x0e;
                 while(KeyPort!=0xfe);
```

```
                    DelayMs(10);                      //去抖
                    while(KeyPort!=0xfe);
                    return Val;
                }
            KeyPort=0xfd;                              //检测第二行
              if(KeyPort!=0xfd)
                {
                    Val=KeyPort&0xf0;
                    Val+=0x0d;
                    while(KeyPort!=0xfd);
                    DelayMs(10);                       //去抖
                    while(KeyPort!=0xfd);
                    return Val;
                }
        KeyPort=0xfb;                                  //检测第三行
            if(KeyPort!=0xfb)
                {
                    Val=KeyPort&0xf0;
                    Val+=0x0b;
                    while(KeyPort!=0xfb);
                    DelayMs(10);                       //去抖
                    while(KeyPort!=0xfb);
                    return Val;
                }
        KeyPort=0xf7;                                  //检测第四行
            if(KeyPort!=0xf7)
                {
                    Val=KeyPort&0xf0;
                    Val+=0x07;
                    while(KeyPort!=0xf7);
                    DelayMs(10);                       //去抖
                    while(KeyPort!=0xf7);
                    return Val;
                }
        }
    }
    return 0xff;
}
unsigned char KeyPro(void)                             //按键值处理函数,返回扫键值
{
  switch(KeyScan())
  {
    case 0x7e:return 0;break;                           //0 按下相应的键显示相对应的码值
    case 0x7d:return 1;break;                           //1
    case 0x7b:return 2;break;                           //2
    case 0x77:return 3;break;                           //3
```

```
        case 0xbe:return 4;break;                    //4
        case 0xbd:return 5;break;                    //5
        case 0xbb:return 6;break;                    //6
        case 0xb7:return 7;break;                    //7
        case 0xde:return 8;break;                    //8
        case 0xdd:return 9;break;                    //9
        case 0xdb:return 10;break;                   //a
        case 0xd7:return 11;break;                   //b
        case 0xee:return 12;break;                   //c
        case 0xed:return 13;break;                   //d
        case 0xeb:return 14;break;                   //e
        case 0xe7:return 15;break;                   //f
        default:return 0xff;break;
      }
    }
    void Init_INT0(void)                             //外部中断 0 初始化
    {
      EA=1;                                          //全局中断开
      EX0=1;                                         //外部中断 0 开
      IT0=1;                                         //边沿触发
    }
    void ISR_INT0(void) interrupt 0                  //外部中断 0 程序
    {
      KeyPressFlag=1;                                //表明按键有动作,可以进行按键扫描
    }
```

中断方式可以有效提高 CPU 的工作效率，在有按键动作时才扫描，平时不进行扫描工作，所以在实际工作中，这种方式应用最多。

3. 双功能及多功能键设计

在单片机应用系统中，为简化硬件线路，缩小整个系统的规模，总希望设置最少的按键，获得最多的控制功能。在实践应用中常常用一个按键实现两个以上的功能。这主要通过软件的方法让一键具有多功能。选择一个 RAM 工作单元，对某一个按键进行按键计数，根据不同的计数值，转到子程序。这种计数多功能键与显示器结合用，以便知道当前计数值，同时配合一个启动键。

复合键是使用软件实现一键多功能的另一个途径。复合键就是两个或两个以上的键的联合，当这些键同时按下时，才能执行相应的功能程序。实际情况做不到"同时按下"，它们的时间差别可以长到 50ms，解决策略是定义一个或两个引导键，这些引导键按下时没什么意义，执行空操作。引导键的例子如计算机上键盘上的"Ctrl"、"Shift"、"Alt"键。

多功能键的利用，应具体情况具体分析。要求速度的场合最好做一键一功能。如果系统功能很多，一键一功能不现实，可采取一键多功能。

4. 功能开关及拨码盘接口设计

对于某些重要功能或数据由键盘输入，误操作将产生一些不良后果。因此，常设定静态开关的方法来执行这些功能或输入数据。静态开关一经设定，将不再改变，一直维持设定的开关状态。通常这些开关状态是在单片机系统加电时由 CPU 读入内存 RAM 的，以后 CPU 将不再关

注这些开关的状态，因此，即使加电后，这些开关的状态发生变化，也不会影响 CPU 的正常工作，只有在下一次加电时，这些新状态才能生效。

三、任务实施

本任务为使用三个独立按键，按下按键 A 使数字变大，按下按键 B 使数字变小，按下按键 C 清 "0"。要求使用按键识别方法、按键抖动消除等技术。设计电路、设计程序，用 Keil 和 Proteus 进行软/硬件仿真，进行实际的制作。同任务一，先设计电路、后编程、最后调试。

1. 参考源程序

```c
#include <AT89X51.H>              //头文件
unsigned char Numb;              //定义变量
  void delay10ms(void)           //延时 10ms
{
unsigned char i,j;
for(i=20;i>0;i--)
for(j=248;j>0;j--);
  }
void delay02s(void)              //延时 0.2s
{
  unsigned char i;
for(i=20;i>0;i--)
  {
delay10ms();                     //调用延时 10ms
}
}
void main(void)                  //主程序
  {
  while(1)
  {
if(P3_7==0)
  {
delay10ms();
  if(P3_7==0)
{
  Numb++;
  if(Numb==4)
{
  Numb=0;
  }
  while(P3_7==0);
  }
  }
switch(Numb)                     //提供 4 种选择
  {
  case 0:
```

```
P1_0=~P1_0;
delay02s();
break;
case 1:
P1_1=~P1_1;
delay02s();
break;
case 2:
P1_2=~P1_2;
delay02s();
break;
case 3:
P1_3=~P1_3;
delay02s();
break;
}
}
}
```

2. 仿真图（见图 2-2-7）

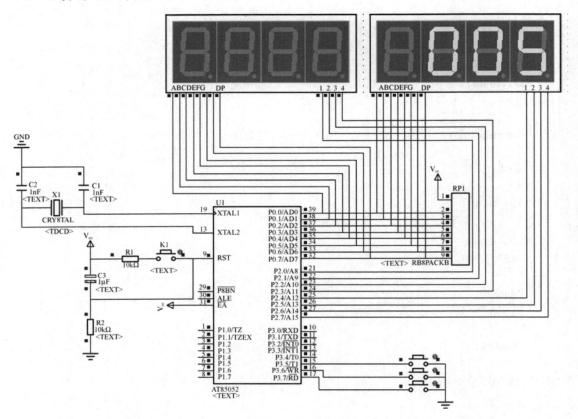

图 2-2-7 按键变数仿真效果图

任务三　电子钟的设计与制作

一、任务分析

　　电子钟采用 8 位数码管显示，能够显示小时、分钟和秒，用 3 个按键来调整时、分和秒，还可以增加定时、闹钟等功能。涉及数码管显示的方法、独立式按键识别、计时和中断处理方法等。

二、任务实施

1. 参考源程序

```c
#include <reg52.h>
#define uchar unsigned char
#define uint unsigned int
sbit key1=P3^5;
sbit key2=P3^6;
sbit key3=P3^7;
//sbit buzzer=P3^0;
uchar   cnt,shi,fen,miao,shi_shi,shi_ge,fen_shi,fen_ge,miao_shi,miao_ge;
uchar code ledcode[]={0x3f,0x06,0x5b,0x4f,0x66,0x6d,0x7d,0x07,0x7f,0x6f,0x77,0x7c,0x39,0x5e,0x79,
0x71, 0x40};                                                          // 共阴 dp~a
//uchar code ledcode[]={0xFC,0x60,0xDA,0xF2,0x66,0xB6,0xBE,0xE0,0xFE,0xF6,0x40};  //共阴 a~dp
//uchar code ledcode[]={0x03,0x9F,0x25,0x0D,0x99,0x49,0x41,0x1F,0x01,0x09,0x40};   //共阳 a~dp
//uchar code ledcode[]={0xC0,0xF9,0xA4,0xB0,0x99,0x92,0x82,0xF8,0x80,0x90,0x40};   //共阳 dp~a
uchar code ledwei[]={0XEF,0XDF,0XBF,0X7F,0XFE,0XFD,0XFB,0XF7};
void delay(uint z)
{
    while(z--);
}
void    led(uchar duan,wei)
{
    P2=ledwei[wei];
    P0=ledcode[duan];

}
void timer0() interrupt 1
{
    TH0=0x3C;     //50ms 定时
    TL0=0xB0;
    cnt++;
    if(cnt==20)
    {
        cnt=0;
```

```c
                miao++;
                if(miao==60)
                {
                    miao=0;
                    fen++;
                    if(fen==60)
                    {
                        fen=0;
                        shi++;
                        if(shi==24)
                        {
                            shi=0;
                        }
                    }
                }
            }
            if(key1==0)                          //调秒按键
            {
                delay(100);
                if(key1==0)
                {
                    miao++;
                    if(miao==60)
                    {
                        miao=0;
                    }
                    while(key1==0);
                }
            }
            if(key2==0)                          //调分按键
            {
                delay(100);
                if(key2==0)
                {
                    fen++;
                    if(fen==60)
                    {
                        fen=0;
                    }
                    while(key2==0);
                }
            }
            if(key3==0)                          //调时按键
            {
                delay(100);
                if(key3==0)
```

```
                    {
                        shi++;
                        if(shi==24)
                            {
                                shi=0;
                            }
                        while(key3==0);
                    }
                }
        miao_ge=miao%10;
        miao_shi=miao/10;
        fen_ge=fen%10;
        fen_shi=fen/10;
        shi_ge=shi%10;
        shi_shi=shi/10;
        }
void main()
{
        TMOD=0x01;
        TH0=0x3C;      //50ms 定时
        TL0=0xB0;
        EA=1;
        ET0=1;
        TR0=1;
        while(1)
        {
/*          if(miao==0&&fen==1&&shi==0)
            {
                    buzzer=0;
                    delay(10000);
            }*/
            led(shi_shi,7);
            delay(250);
            led(shi_ge,6);
            delay(250);
            led(10,5);
            delay(250);
            led(fen_shi,4);
            delay(250);
            led(fen_ge,3);
            delay(250);
            led(10,2);
            delay(250);
            led(miao_shi,1);
            delay(250);
            led(miao_ge,0);
```

```
            delay(250);
        }
    }
```

2. 仿真图（见图 2-2-8）

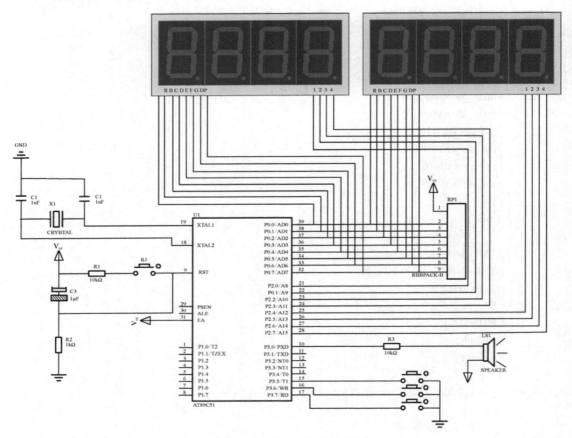

图 2-2-8　电子钟定时仿真效果图

项目三　测量仪表的设计与制作

随着科学技术的发展，各种测控用的仪器仪表层出不穷，从指针式到数字显示式、图形显示式等很多种类，有好些数字式测控仪表中采用了单片机来设计和控制。通过本项目的学习和实践操作，掌握 A/D、D/A 芯片的特性和使用方法，学会 A/D、D/A 转换芯片与单片机接口电路的硬件连接，能根据实际情况编写信号采集和处理的相关程序，学会进行单片机系统的调试操作。

任务一　数字电压表的设计与制作

掌握 ADC0809 芯片的特性和使用方法，学会 A/D 转换芯片与单片机接口电路的硬件连接，学会用查询方式、中断方式完成模/数转换程序的编写方法。

一、任务要求

本任务要求用 AT89S52 单片机和 ADC0809 模/数转换芯片设计一个简单的数字电压表。具体要求如下：

（1）能够较准确地测量 0～5V 之间的直流电压值；

（2）准确到两位小数；并用数码管显示出来。

二、任务准备

单片机应用的重要领域是自动控制。在自动控制的应用中，除数字量之外还会遇到另一种物理量，即模拟量。例如，温度、速度、电压、电流、压力等，它们都是连续变化的物理量。由于计算机只能处理数字量，因此，计算机系统中凡遇到有模拟量的地方，就要进行模拟量向数字量、数字量向模拟量的转换，也就出现了单片机的数/模和模/数转换的接口问题。

A/D 转换器是一种能把模拟量转换成数字量的电子器件。D/A 转换器功能则相反。在单片机控制系统中，经常需要使用到 A/D 和 D/A 转换器，系统结构框图如图 3-1-1 所示。

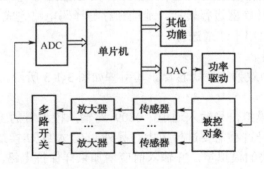

图3-1-1　单片机控制系统结构框图

A/D 转换器按照转换原理可分为直接 A/D 转换器和间接 A/D 转换器。直接 A/D 转换器是把模拟信号直接转换成数字信号，如逐次逼近型，并联比较型等。其中，逐次逼近型 A/D 转换器，易于用集成工艺实现，且能达到较高的分辨率和速度，故目前集成化 A/D 芯片采用逐次逼近型者多；间接 A/D 转换器是先把模拟量转换成中间量，然后再转换成数字量，如电压/时间转换型（积分型），电压/频率转换型，电压/脉宽转换型等。其中，积分型 A/D 转换器电路简单，抗干扰能力强，且能做到高分辨率，但转换速度较慢。

A/D 转换器用于实现模拟量向数字量的转换。逐次逼近式 A/D 转换器是一种速度较快，精度较高的转换器，其转换时间大约在几微秒到几百微秒之间。常用的这种芯片有 ADC0801～ADC0805、ADC0808/0809，ADC0816/0817。

（一）A/D 模数转换器 ADC0809

ADC0809 是一种 8 路模拟输入 8 位数字输出的逐次逼近式 A/D 器件。分辨率为 8 位；转换时间取决于芯片时钟频率，转换一次时间为 64 个时钟周期；具有可控三态输出锁存器；启动转换控制为脉冲式（正脉冲），上升沿使内部所有寄存器清"0"，下降沿使 A/D 转换器开始。

1. ADC0809 的结构
ADC0809 内部逻辑结构如图 3-1-2 所示。

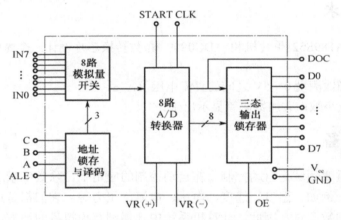

图3-1-2　模/数转换器ADC0809逻辑结构图

由图可看出 ADC0809 由一个 8 位逐次逼近式 A/D 转换器、8 路模拟转换开关、3-8 地址锁存译码器和三态输出数据锁存器组成。图中，多路开关可选通 8 个模拟通道，允许 8 路模拟量分时输入，共用一个 A/D 转换器进行转换。地址锁存与译码电路完成对 A、B、C 三个地址位进行锁存和译码，其译码输出用于通道选择。

2. ADC0809 的引脚特性
ADC0809 是 28 引脚的双列直插式芯片。其引脚如图 3-1-3 所示。

各引脚的特性如下：

（1）IN0～IN7：8 路模拟信号输入通道。0809 对输入模拟量的主要要求是，信号单极性，电压范围为 0～5V，若信号过小需要进行放大。另外，在 A/D 转换过程中，输入的模拟量不应变化，因此，对变化速度快的模拟量，在输入前应增加采样保持电路。

（2）ADDC、ADDB、ADDA：地址输入端。其中，ADDA 为低位地址线。ADDC 为高位地址线。用来选择 IN0～IN7 上哪一路模拟电压送进转换器进行 A/D 转换。

（3）ALE：地址锁存允许信号输入端。高电平有效。在对应 ALE 上升沿，ADDA、ADDB 和 ADDC 三条地址线的地址信号送进地址锁存器得以锁存，经译码后，选中 8 路模拟开关中相应的某路模拟通道。

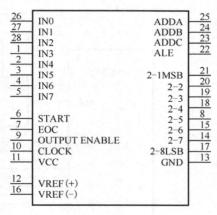

图3-1-3 A/D模/数转换器ADC0809
引脚图

（4）START：转换启动输入脉冲信号输入端。由单片机发出正脉冲（大于 100 ns），STRAT 上升沿时，所有内部寄存器清 "0"；START 下降沿时，开始进行 A/D 转换；在 A/D 转换期间，START 应保持低电平，该信号有时简写为 ST。

（5）EOC：转换结束状态信号输出端。当 EOC=0 时，表示正在进行转换；当 EOC=1 时，表示 A/D 转换已结束。该状态信号既可作为查询的状态标志，又可作为中断请求信号使用。

（6）2-1～2-8：数字量数据输出端，2-1 为最高位，2-8 为最低位。因其为三态缓冲输出形式，故可以和单片机的数据线直接相连。

（7）OE：A/D 转换结果输出允许控制端。高电平有效。用它来控制三态输出锁存器向单片机输出转换得到的数据。当 OE=0 时，输出数据线呈高电阻态；当 OE=1 时，允许将 A/D 转换结果从 D7～D0 端输出。

（8）CLK：外部时钟信号输入端。ADC0809 内部没有时钟电路，所需的时钟信号要靠外部提供，因此有时钟信号引脚 CLK。时钟频率最高为 1280kHz，其中，典型值为 640kHz（对应 A/D 转换时间为 100μs）。

（9）VCC 和 GND：VCC 为+5V 电源输入端，GND 为接地端。

（10）VREF（+）和 VREF（-）：正、负参考电压输入端。参考电压用来与输入的模拟信号进行比较，作为逐次逼近的基准电压。通常 VREF（+）接+5V 电源，VREF（-）接地。

（二）AT89S52 与 ADC0809 接口

AT89S52 与 ADC0809 单片机的一种连接如图 3-1-4 所示。电路连接主要涉及两个问题，一是 8 路模拟信号通道选择，二是 A/D 转换完成后转换数据的传送。

转换数据的传送有三种方式。一是定时传送（此时单片机不需要接 ADC0809 的 EOC 引脚）；二是查询方式（此时单片机需要接 ADC0809 的 EOC 引脚来测试 EOC 引脚的状态）；三是中断方式（此时需要将 ADC0809 的 EOC 引脚与单片机的 INT0 或 INT1 引脚相连）。注意：在转换时不能用无条件方式，而且单片机的 ALE 端口和 ADC0809 的 ALE 的端口不能相连。

1. 8 路模拟通道选择

A、B、C 分别接地址锁存器提供的低三位地址，只要把三位地址写入 ADC0809 中的地址锁存器，就实现了模拟通道选择。对系统来说，地址锁存器是一个输出口，为了把三位地址写入，还要提供口地址。图 3-1-4 中使用的是线选法，口地址由 P2.0 确定，同时和 WR 相或取反后作为开始转换的选通信号。另外，START 和 ALE 连接在一起，故地址锁存和启动转换同时进行，对于用汇编语言来说只需一条 "MOVX @DPTR，A" 指令即可。ADC0809 的通道地址确定见表 3-1-1（假设无关位地址全取 1）。

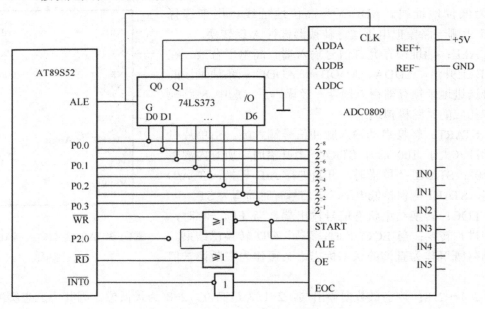

图3-1-4　AT89S52与ADC0809接口图

表 3-1-1　模拟通道对应的地址

模 拟 通 道	A15	A14	A13	A12	A11	A10	A9	A8	A7	A6	A5	A4	A3	A2	A1	A0	通 道 地 址
IN0	1	1	1	1	1	1	1	0	1	1	1	1	1	0	0	0	FEF8H
IN1	1	1	1	1	1	1	1	0	1	1	1	1	1	0	0	1	FEF9H
IN2	1	1	1	1	1	1	1	0	1	1	1	1	1	0	1	0	FEFAH
IN3	1	1	1	1	1	1	1	0	1	1	1	1	1	0	1	1	FEFBH
IN4	1	1	1	1	1	1	1	0	1	1	1	1	1	1	0	0	FEFCH
IN5	1	1	1	1	1	1	1	0	1	1	1	1	1	1	0	1	FEFDH
IN6	1	1	1	1	1	1	1	0	1	1	1	1	1	1	1	0	FEFEH
IN7	1	1	1	1	1	1	1	0	1	1	1	1	1	1	1	1	FEFFH

2．转换数据的传送

（1）查询方式：A/D 转换芯片设有表示转换完成的状态信号端，如 ADC0809 的 EOC 端。因此，可以用查询方式，通过软件测试 EOC 端的状态，就可确知转换是否完成，一旦确定转换完成，就可以读取数据。采用查询方式时，单片机的口线与 ADC0809 的控制线相连，产生通道选择、启动转换、允许输出等控制信号，时钟由 ALE 分频产生或 I/O 引脚输出产生。

（2）定时方式：对于某种 A/D 转换器来说，作为其性能指标之一的转换时间是已知和固定的。例如，ADC0809 的转换时间是 128μs。相当于采用 6MHz 的 89C51 单片机共 64 个机器周期。可据此设计一个延时子程序，A/D 转换器启动后即调用这个延时子程序，延时时间一到，转换肯定已经完成了，接着就可进行数据传送了。

（3）中断方式：把表明转换完成的状态信号 EOC 作为中断请求信号，以中断的方式进行数据传送。在图 3-1-4 中，EOC 信号经过反相器后送到单片机的 INT0，因此，可以采用查询该引脚或中断的方式进行转换后数据的传送。不管使用上述哪种方式，一旦确认转换完成，即可通过指令进行数据传送。

3. ADC0809 应用举例

【例 3-1-1】 设有一个 8 路模拟量输入的巡回检测系统，采样数据依次存放在外部 RAM 的 0A0H~0A7H 单元中，ADC0809 的 8 个通道地址为 0FEF8H~0FEFFH。

A/D 转换程序流程图如图 3-1-5 所示。

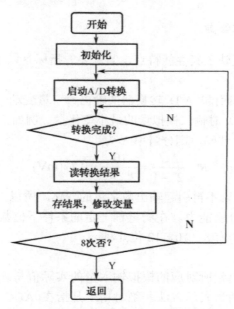

图3-1-5　A/D转换程序流程图

参考程序（C51 程序）如下：

```
#include<absacc.h>                    //访问绝对地址的头文件
#include<reg51.h>                     //51 头文件
#define uchar unsigned char          //预定义
#define IN0 XBYTE[0xFEF8]            //定义 ADC0809 的通道 0 的地址
sbit ad_busy=P3^3;                    //EOC 状态
void ad0809(uchar idata * x)          //采样结果放指针中的 A/D 采集函数
{
uchar i;
    uchar xdata * ad_adr;
    ad_adr=&IN0;
    for(i=0;i<8;i++)                  //处理 8 个通道的数据
        {
*ad_adr=0;                            //启动转换
                i=i;                  //延时等待 EOC 变低
                i=i;
                while(ad_busy==0);    //查询等待转换结束
                x[i]=*ad_adr;         //保存转换结果
                ad_adr++;             //下一通道
        }
    }
```

```
void main(void)                        //主函数
{
static uchar idata ad[10];
    ad0809(ad);                        //采样 ADC0809 通道的值
}
```

（三）A/D 转换器的技术参数

A/D 转换器的技术参数反映了其性能特点，其主要的指标有以下几个。

1．分辨率

A/D 转换器的分辨率是指引起 A/D 转换器的输出数字量变动一个二进制数码的最低有效位（LSB）（如从 00H 变到 01H）时输入模拟量的最小变化量。例如，A/D 转换器输入模拟电压变化范围为 0～10V，输出为 10 位码，则分辨率 R 为

$$R = \frac{\Delta U}{2^n - 1} = \frac{10}{2^{10} - 1} = 9.77(\text{mV})$$

比 9.77mV 小的模拟量变化不再引起输出数字量的变化。所以，A/D 转换器的分辨率反映了它对输入模拟量微小变化的分辨能力。在满量程一定的条件下位数越多，分辨率越高，当然价格也越贵。常用的 A/D 转换器有 8、10、12 位几种。

2．转换精度

转换精度是指与数字输出量所对应的模拟输入量的实际值与理论值之间的差值。转换精度可分为绝对精度和相对精度两种表示方法。绝对精度是指在 ADC 输出端获得给定的数字输出时，所需要的实际模拟量输入值与理论模拟量输入值之差值。

相对精度是指 ADC 进行满刻度校准以后，任意数字输出所对应的实际模拟输入值（中间值）与理论模拟输入值（中间值）之差。对于线性 A/D 转换器来说，相对精度就是它的非线性度。

A/D 转换器的精度决定于量化误差及系统内其他误差之和。一般的精度指标为满量程的 ±0.02%，高精度指标为满量程的 ±0.001%。

3．转换时间或转换速度率

转换时间是指从输入转换启动信号开始到转换结束所需要的时间，它反映了 ADC 的转换速度。不同类型的 A/D 转换器转换时间差别很大。并联比较型转换速度最高，约为几十纳秒；逐次逼近型 ADC 转换速度次之，一般为几十微秒；双积型 ADC 转换速度最慢，通常为几十毫秒。A/D 转换器转换时间的典型值 50μs，高速 A/D 转换器的转换时间为 50ns。

4．量程

量程是指 ADC 所能够转换的模拟量输入电压范围，如 ADC0809 的量程为 0～5V。

三、任务实施

（一）总体思路

在这个任务中要将输入给单片机的模拟信号转换为单片机能够识别的数字信号，因此，在输入信号与单片机之间要连接一个 A/D 转换器。输入信号变成数字信号后，单片机只需将它读出并显示出来即可。具体来说就是用 AT89S52 单片机作控制，时钟为 12MHz，选择 ADC0809 的一个通道输入需要测量的直流电压，A/D 转换后，经整定、BCD 码转换、高位消隐等处理，

用数码管显示。总体结构框图如图 3-1-6 所示。

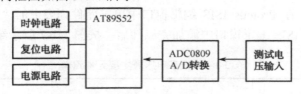

图3-1-6 数字电压表总体结构框图

（二）设计电路原理图

数字电压表仿真参考电路原理图如图 3-1-7 所示。图中模拟信号从 ADC0809 的 IN0～IN7 口输入；P0 口作为 A/D 转换完毕的数据读入口；P1.0～P1.7 作为段显示控制；P2.0～P2.3 作为位显示控制；P3.0 作为启动控制输出端口；P3.1 作为允许输出控制；P3.2 作为转换状态输入端；时钟信号由 P3.3 定时中断产生；P3.3 同时与 ADC0809 的 ALE 端相连作为地址锁存允许信号输入端，高电平有效；在 ALE 上跳沿时，三条地址线的地址信号送进地址锁存器锁存，经译码选中 8 路模拟开关中相应的某路模拟通道，由于这里只有一路通道，所以 ALE 和时钟信号接在一起。P3.4、P3.5、P3.6 作为通道选择地址信号输出端，由于只有一路通道，所以，在程序中将这三个端子要置为低电平，或者直接在电路中将这三个端子接地。

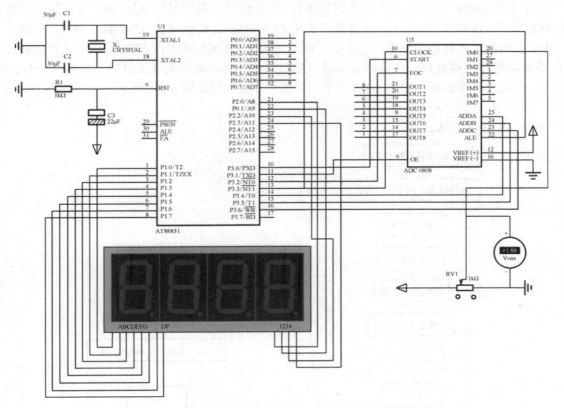

图3-1-7 数字电压表仿真参考电路原理图

注意： 由于在 Proteus 仿真中 ADC0809 不能使用，所以就用 ADC0808 来代替，ADC0809

和 ADC0808 完全兼容。

打开 Proteus ISIS，在 Proteus ISIS 编辑窗口中单击元件列表上的 "P" 按钮，添加表 3-1-2 所示的元件。在 Proteus ISIS 编辑窗口中添加完原件后，按图 3-1-7 所示绘制电路图。

表 3-1-2　数字电压表主要元件清单

元 件 名 称	型 号	数量/个
单片机	AT89S52	1
晶振	12MHz	1
电容	30pF	2
电解电容	22μF/10V	1
电源 V_{cc}	+5V/1A	1
数码管	4 位共阴	1
A/D 转换芯片	ADC0809	1
电阻	1kΩ	1
电位器	1kΩ	1

（三）程序流程图

由于 ADC0809 在进行 A/D 转换时需要有 CLK 信号，而此时的 ADC0809 的 CLK 是接在 AT89S52 单片机的 P3.3 端口上，也就是要求从 P3.3 输出 CLK 信号供 ADC0809 使用，因此，产生 CLK 信号的方式就得用软件来产生了；由于 ADC0809 的参考电压 VREF=VCC，所以转换之后的数据要经过数据处理。在数码管上显示出电压值，实际显示的电压值的关系为 V0=D/256× VREF。系统主程序流程图如图 3-1-8 所示，中断程序流程图如图 3-1-9 所示。

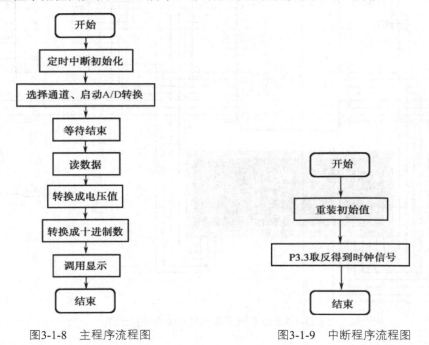

图3-1-8　主程序流程图　　　　图3-1-9　中断程序流程图

（四）程序源代码及解析

C 语言源程序如下：

```c
/*********************************************************/
//                    电压表 C 程序
/*********************************************************/
#include <reg51.h>              //51 头文件
#define uint unsigned int       //预定义
#define uchar unsigned char     //预定义
uchar code dispbitcode[]={0x3f,0x06,0x5b,0x4f,0x66,0x6d,0x7d,
                          0x07,0x7f,0x6f}; //数码管显示 0~9
uchar dispbuf[4];               //定义 4 位显示缓冲区
uchar getdata;                  //定义 ADC 转换数据
uint volt;                      //定义变量
sbit  ST=P3^0;                  //A/D 转换启动信号输入端
sbit  OE=P3^1;                  //转换结束信号输出引脚。开始转换时为低电平,转换结束时为高电平
sbit  EOC=P3^2;                 //输出允许控制端,用于打开三态数据输出锁存器
sbit  CLK=P3^3;                 //时钟信号输入端
sbit  P34=P3^4;                 //通道选择地址信号输出端
sbit  P35=P3^5;                 //通道选择地址信号输出端
sbit  P36=P3^6;                 //通道选择地址信号输出端
sbit  P20=P2^0;                 //定义数码管个位选脚
sbit  P21=P2^1;                 //定义数码管第一位小数位选脚
sbit  P22=P2^2;                 //定义数码管第二位小数位选脚
sbit  P23=P2^3;                 //定义数码管第三位小数位选脚
sbit  P17=P1^7;                 //定义数码管小数点显示位
/*********************************************************/
//函数名:TimeInitial()
//功能:中断程序
//调用函数:
//输入参数:
//输出参数:
//说明:开中断
/*********************************************************/
void TimeInitial()
{
    EA=1;                       //开总中断
    TMOD=0x10;                  //设定工作方式
    TH1=(65536-200)/256;        //设定初值
    TL1=(65536-200)%256;
    ET1=1;                      //开中断
    TR1=1;
}
/*********************************************************/
//函数名:Delay(uint i)
//功能:延时程序
```

```
//调用函数:
//输入参数:i
//输出参数:
//说明:程序的延时时间为 x 乘以 1ms
/**************************************************************/
void Delay(uint x)                      //延迟函数
{
    uint i;
    while(x--)
    {
        for(i=0;i<125;i++);             //该步运行时间约为 1ms
    }
}
/**************************************************************/
//函数名:ADC()
//功能:数模转换程序
//调用函数:
//输入参数:
//输出参数:
//说明:将转换好的测定值保存在变量 volt 中
/**************************************************************/
void ADC()
{
ST=0;
ST=1;
ST=0;                                   //AD 转换启动
P34=0;                                  //只有一条路通道,因此 P34、P35、P36 置为 0
P35=0;                                  //只有一条路通道,因此 P34、P35、P36 置为 0
P36=0;                                  //只有一条路通道,因此 P34、P35、P36 置为 0
while(EOC==0);                          //等待转换结束
OE=1;                                   //允许转换数据输出
getdata=P0;                             //读取转换数据
OE=0;                                   //关闭转换数据输出
volt=getdata*1.0/255*5000;              //将读出数据换成电压值(mV)
dispbuf[0]=volt%10;                     //第三位小数显示数据
dispbuf[1]=volt/10%10;                  //第二位小数显示数据
dispbuf[2]=volt/100%10;                 //第一位小数显示数据
dispbuf[3]=volt/1000;                   //个位显示数据
}
/**************************************************************/
//函数名:Display()
//功能:4 位数码管显示
//调用函数:
//输入参数:
//输出参数:
//说明:将处理后的电压值显示在 4 位数码管上
```

```
/**********************************************************/
void Display()
{
P1=0X00;                          //消隐
P1=dispbitcode[dispbuf[3]];       //显示个位及小数点
P17=1;
P20=0;
P21=1;
P22=1;
P23=1;
Delay(1);                         //显示延时
P1=0X00;                          //消隐
P1=dispbitcode[dispbuf[2]];       //显示第一位小数
P20=1;
P21=0;
P22=1;
P23=1;
Delay(1);                         //显示延时
P1=0X00;                          //消隐
P1=dispbitcode[dispbuf[1]];       //显示第二位小数
P20=1;
P21=1;
P22=0;
P23=1;
Delay(1);                         //显示延时
P1=0X00;                          //消隐
P1=dispbitcode[dispbuf[0]];       //显示第三位小数
P20=1;
P21=1;
P22=1;
P23=0;
Delay(1);                         //显示延时
}
/**********************************************************/
//主函数
/**********************************************************/
void main()
{
TimeInitial();                    //调用中断程序
while(1)
{
ADC();                            //调用 ADC 转换程序
Display();                        //调用显示程序
}
}
/**********************************************************/
```

```
//函数名:timer( )interrupt 3
//功能:定时中断 3 响应程序
//调用函数:
//输入参数:
//输出参数:
//说明:为 ADC 提供时钟信号和装初值
/**********************************************************/
void timer( )interrupt 3 using 0              //中断号 3,寄存器组 0
{
TH1=(65536-200)/256;                          //重装初值
TL1=(65536-200)%256;
CLK=!CLK;                                      //取反,输出时钟信号
}
```

（五）程序仿真调试

1．HEX 文件的生成

（1）打开单片机软件开发系统 Keil μVision2，单击"μVision"菜单中的"Project"，在此下拉菜单中单击"New Project"选项后，弹出"Creat New Project"对话框，输入新建项目名称。

（2）输入新建项目名称并单击"确定"按钮后，在弹出的"Select Device"对话框中选择合适的单片机型号，如 AT89S52。

（3）单击"μVision"菜单中的"File"，在此下拉菜单中选择"New"后，打开一个空的文本编辑窗口，在此窗口中输入程序，创建新的源程序"数字电压表.C"文件。

（4）在左边的"Project"窗口的"File"中单击文件组，再单击鼠标右键后，在弹出的窗口中选中"Add File to Group 1"选项，将"数字电压表.C"程序导入到"Source Group 1"中。

（5）在"Project"下拉菜单中，选择"Options for Target"，弹出"Options for Target"对话框，在此对话框中选中"Output"选项卡中的"Creat HEX File"选项。

（6）在"Project"下拉菜单下，选择"Rebuild all Target Files"项。若程序编译成功，将生成"数字电压表.HEX"文件。

2．调试与仿真

（1）在 Proteus ISIS 编辑窗口中，单击鼠标右键将 AT89C52 单片机选中（由于 Proteus 库里面没有 AT89S52，所以用 AT89C52 来代替）并单击鼠标左键，弹出"Edit Component"对话框，在此对话框的"Clock Frequency"栏中设置单片机的晶振频率为 12MHz，在"Program File"栏中单击文件夹 图标，选择先前用 Keil μVision 生成的"数字电压表.HEX"文件。

（2）在 Proteus ISIS 编辑窗口的"File"菜单中选择"Save Design"选项，保存设计，生成"数字电压表.DSN"文件。

（3）在 Proteus ISIS 编辑窗口中单击运行 ▶ 按钮或在"Debug"菜单中选择"Execute"，则数码管就会显示相应的电压值，改变电阻值，显示的数据也会发生相应的变化。仿真画面如图 3-1-10 所示。

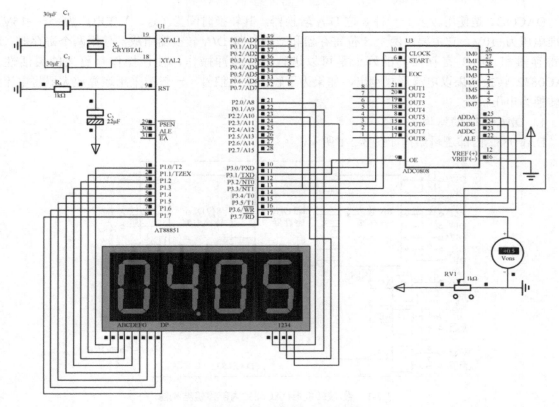

图3-1-10 数字电压表仿真画面

任务二 信号发生器的设计与制作

掌握 DAC0832 芯片的特性和使用方法，会 D/A 转换芯片与单片机接口电路的硬件连接，学会 DAC0832 直通方式、单缓冲方式、双缓冲方式的 D/A 转换程序的编程方法和调试方法。

一、任务要求

本任务要求用 AT89S52 单片机和 DAC0832 数/模转换芯片设计一个简单的信号发生器。具体要求如下：

（1）能够输出正弦波，三角波，锯齿波及方波。

（2）输出波形信号可以通过按键来改变。

二、任务准备

（一）D/A 数/模转换器 DAC0832

D/A 接口芯片种类很多，有通用型、高速型、高精度型等，转换位数有 8 位、12 位、16 位等，输出模拟信号有电流输出型（如 DAC0832、AD7522 等）和电压输出型（如 AD558、AD7224 等），在应用中可根据实际需要进行选择。

DAC0832 是使用较多的一种 8 位 D/A 转换器，其转换时间为 1μs，工作电压为+5～+15V，基准电压为±10V。它主要由两个 8 位寄存器和一个 8 位 D/A 转换器组成。使用两个寄存器（输入寄存器和 DAC 寄存器）的好处是可以进行两极缓冲操作，使该操作有更大的灵活性。DAC0832 转换结果以电流形式输出，如果为了输出电压信号，一般需采用运算放大器将电流信号转换为电压信号。

1. DAC0832 的结构

DAC0832 内部逻辑结构如图 3-2-1 所示。

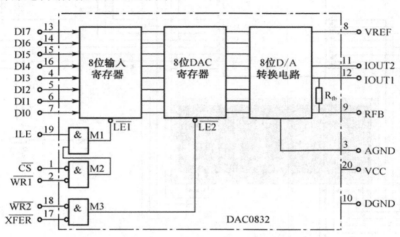

图3-2-1　数/模转换器DAC0832内部逻辑结构图

DAC0832 中有两级锁存器，第一级锁存器称为输入寄存器，它的锁存信号为 ILE；第二级锁存器称为 DAC 寄存器，它的锁存信号为传输控制信号 $\overline{\text{XFER}}$。因为有两级锁存器，DAC0832 可以工作在双缓冲器方式，即在输出模拟信号的同时采集下一个数字量，这样能有效地提高转换速度。此外，两级锁存器还可以在多个 D/A 转换器同时工作时，利用第二级锁存信号来实现多个转换器同步输出。

在图 3-2-1 中，ILE 为高电平、$\overline{\text{CS}}$ 和 $\overline{\text{WR1}}$ 为低电平时，$\overline{\text{LE1}}$ 为高电平，输入寄存器的输出跟随输入而变化；此后，当 $\overline{\text{WR1}}$ 由低变高时，$\overline{\text{LE1}}$ 为低电平，数据被锁存到输入寄存器中，这时的输入寄存器的输出端不再跟随输入数据的变化而变化。对第二级锁存器来说，$\overline{\text{XFER}}$ 和 $\overline{\text{WR2}}$ 同时为低电平时，$\overline{\text{LE2}}$ 为高电平，DAC 寄存器的输出跟随其输入而变化；此后，当 $\overline{\text{WR2}}$ 由低变高时，$\overline{\text{LE2}}$ 变为低电平，将输入寄存器的数据锁存到 DAC 寄存器中。

2. DAC0832 的引脚特性

DAC0832 是 20 引脚的双列直插式芯片。其引脚如图 3-2-2 所示。

各引脚的特性如下：

（1）与单片机相连的信号线。

DI7～DI0：8 位数据输入线，用于数字量输入。

ILE：输入锁存允许信号，高电平有效。

$\overline{\text{CS}}$：片选信号，低电平有效，与 ILE 结合决定 $\overline{\text{WR1}}$ 是否有效。

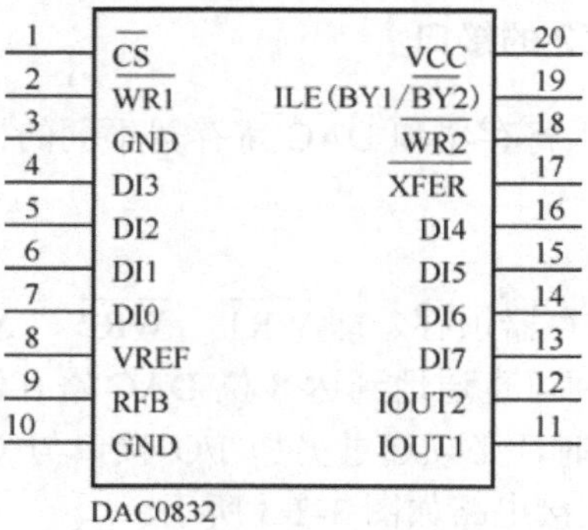

图3-2-2 D/A数/模转换器DAC0832引脚图

$\overline{WR1}$：数据传输控制信号输入线，当 $\overline{WR1}$ 为低电平，且 ILE 和 $\overline{CS}$ 有效时，把输入数据锁存入输入寄存器；$\overline{WR1}$、ILE 和三个控制信号构成第一级输入锁存命令。

$\overline{WR2}$：DAC 寄存器选通输入线，低电平有效，该信号与 $\overline{XFER}$ 配合，当 $\overline{XFER}$ 有效时，可使输入寄存器中的数据传送到 DAC 寄存器中。

$\overline{XFER}$：数据传输控制信号输入线，低电平有效，与 $\overline{WR2}$ 配合，构成第二级寄存器（DAC 寄存器）的输入锁存命令。

（2）与外设相连的信号线。

IOUT1：DAC 电流输出 1，它是输入数字量中逻辑电平为"1"的所有位输出电流的总和。当所有位逻辑电平全为"1"时，IOUT1 为最大值；当所有位逻辑电平全为"0"时，IOUT1 为"0"。

IOUT2：DAC 电流输出 2，它是输入数字量中逻辑电平为"0"的所有位输出电流的总和。

RFB：反馈电阻，为外部运算放大器提供一个反馈电压。根据需要可外接反馈电阻 R_{fb}。

（3）其他引线。

VREF：基准电压输入端，要求外部提供精密基准电压，V_{REF} 一般在 $-10\sim+10V$ 之间。

V_{CC}：芯片工作电源电压，一般为 $+5\sim+15V$。

AGND：模拟信号地。

DGND：数字信号地。

注意：模拟地要连接模拟电路的公共地，数字地要连接数字电路的公共地，最后把它们汇接为一点接到总电源的地线上。为避免模拟信号与数字信号互相干扰，两种不同的地线不可交叉混接。

3. DAC0832 的寄存器数据锁存控制

DAC0832 进行 D/A 转换，可以采用两种方法对数据进行锁存。

第一种方法是使输入寄存器工作在锁存状态，而 DAC 寄存器工作在直通状态。具体地说，就是使 $\overline{WR2}$ 和 $\overline{XFER}$ 都为低电平，DAC 寄存器的锁存选通端得不到有效电平而直通；此外，使输入寄存器的控制信号 ILE 处于高电平、$\overline{CS}$ 处于低电平，这样，当 $\overline{WR1}$ 端来一个负脉冲时，就可以完成一次转换。

第二种方法是使输入寄存器工作在直通状态，而 DAC 寄存器工作在锁存状态。就是使 $\overline{WR1}$ 和 $\overline{CS}$ 为低电平，ILE 为高电平，这样，输入寄存器的锁存选通信号处于无效状态而直通；当 $\overline{WR2}$ 和 $\overline{XFER}$ 端输入一个负脉冲时，使得 DAC 寄存器工作在锁存状态，提供锁存数据进行转换。

（二）DAC0832 与 AT89S52 的接口

根据上述对 DAC0832 的输入寄存器和 DAC 寄存器不同的控制方法，DAC0832 有如下三种工作方式。

1. 直通方式

直通方式是数据不经两级锁存器锁存，即 $\overline{WR1}$、$\overline{WR2}$、$\overline{XFER}$、$\overline{CS}$ 均接地，ILE 接高电平。此时 DI7～DI0 输入的数据便可直通地到达 8 位 DAC 寄存器进行 D/A 转换。此方式适用于连续反馈控制线路，不过在使用时，必须通过另加 I/O 接口与 CPU 连接，以匹配 CPU 与 D/A 转换。DAC0832 直通方式下的连接电路如图 3-2-3 所示。

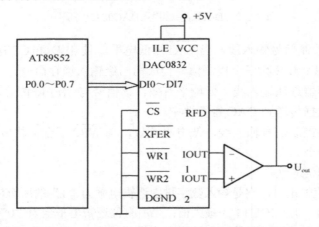

图3-2-3　DAC0832直通工作方式下的电路连接图

2. 单缓冲方式

单缓冲方式是使 DAC0832 的两个寄存器之一处于直通状态，另一个处于锁存受控方式。在这种方式下，只需执行一次写操作，打开受控的寄存器，即可使数字量能通过输入寄存器和 DAC 寄存器，完成 D/A 转换。这种方式可以提高 DAC 的数据吞吐量。此方式适用于只有一路模拟量输出或几路模拟量异步输出的情况。

DAC0832 单缓冲方式下的连接电路如图 3-2-4 所示。

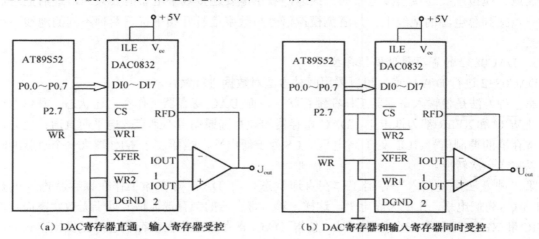

（a）DAC寄存器直通，输入寄存器受控　　　（b）DAC寄存器和输入寄存器同时受控

图3-2-4　DAC0832单缓冲工作方式下的电路连接图

在图 3-2-4（a）中，$\overline{WR2}$ 和 $\overline{XFER}$ 接地，故 DAC0832 的"8 位 DAC 寄存器"处于直通方式。"8 位输入寄存器"受 $\overline{CS}$ 和 $\overline{WR1}$ 端控制。$\overline{CS}$ 接片选信号，为输入寄存器确定地址，在图 3-2-4（a）中由 P2.7 来控制，因此，DAC0832 的端口地址为 7FFFH。图 3-2-4（b）所示是两个寄存器同时受控的情况，这时 $\overline{CS}$ 和 $\overline{XFER}$ 同时接片选信号，这样两个寄存器的地址相同都是7FFFH。（注意：如果片选信号接的端口不同，如接 P2.6、P2.5 等，则寄存器的地址是不同的，在编写程序时 DAC0832 的地址一定不要弄错了）。

【例 3-2-1】 D/A 转换程序，用 DAC0832 输出 0～+5V 三角波，电路为单缓冲方式，如图 3-2-4（a）所示。设 V_{REF}=-5V，DAC0832 地址为 07FFFH。

C51 参考程序：

```
#include<reg51.h>                    //51 头文件
#include<absacc.h>                   //定义可以访问绝对地址
#define DAC0832 XBYTE[0x7FFF]        //定义 DAC0832 地址
#define uchar unsigned char          //预定义
#define unit unsigned int            //预定义
void stair(void)
{
  uchar i;
  while(1)
{
    for(i=0;i<=255;i=i++)            //形成锯齿波输出值,最大为 255
    {
DAC0832=i;                           //D/A 转换输出
    }
  }
}
```

3. 双缓冲方式

双缓冲方式是指输入寄存器的锁存信号和 DAC 寄存器的锁存信号分开控制（即将DAC0832 内部的两个寄存器都连接成独立受控锁存方式，数字量的输入锁存和 D/A 转换输出是分两步完成的，即先使输入寄存器接收数据，再控制输入寄存器的输出数据到 DAC 寄存器，即分两次锁存输入数据；单片机需发送两次写信号才可完成一次完整的 D/A 转换），这种方式适用于要求同时需要输出多个模拟量的场合。

此时需要采用多片 D/A 转换器芯片，每片控制 1 个模拟量的输出，即 CPU 的数据总线分时地向各路 D/A 转换器输入要转换的数字量并锁存在各自的输入寄存器中，然后 CPU 对所有的D/A 转换器同时发出控制信号，使各个 D/A 转换器输入寄存器中的数据进入 DAC 寄存器，实现同步转换输出。图 3-2-5 所示电路为单片机与 DAC0832 典型的双缓冲方式接口电路。

在图 3-2-5 中，两片 DAC0832 的 $\overline{WR1}$ 和 $\overline{WR2}$ 都相连后与单片机的 $\overline{WR}$ 相连，DAC0832（1）的片选端 $\overline{CS}$ 和 DAC0832（2）的片选端 $\overline{CS}$ 分别接在单片机的 P2.5 和 P2.6 端口，由此可知DAC0832（1）的数据锁存器地址为 0DFFFH（P2.5=0），DAC0832（2）的数据锁存器地址为0BFFFH（P2.6=0）。而由于两片 DAC0832 的 $\overline{XFER}$ 都接在单片机的同一个引脚 P2.7 上，因此，这两个转换器的 DAC 寄存器的地址均为 7FFFH（P2.7=0）。

【例 3-2-2】 D/A 转换程序，根据图 3-2-5 所示的 D/A 转换接口编写程序，用单片机来驱动 X-Y 绘图仪工作。

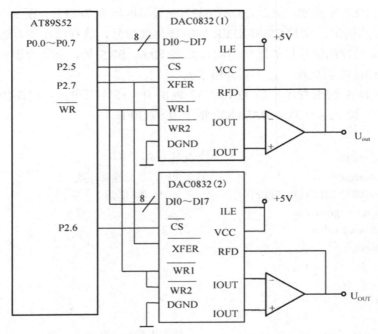

图3-2-5　DAC0832双缓冲工作方式下的电路连接图

X-Y 绘图仪由两个方向的电动机驱动，其中一个电动机控制绘图笔沿 X 方向运动，另一个电动机控制绘图笔沿 Y 方向运动。对 X-Y 绘图仪的控制有两点基本要求：一是需要两路 D/A 转换器分别给 X 通道和 Y 通道提供模拟信号，使绘图笔能沿 X-Y 轴做平面运动；二是两路模拟量必须同步输出以保证绘制的图形曲线光滑。因此，在这里使用两片 DAC0832，采用双缓冲接口。

绘图仪的驱动程序（C51 参考程序）如下：

```
#include<reg51.h>                    //51 头文件
#include<absacc.h>                   //定义可以访问绝对地址
#define INPUTR1 XBYTE[0xDFFF]        //定义第一个 DAC0832 的数据锁存器地址
#define INPUTR2 XBYTE[0xBFFF]        //定义第二个 DAC0832 的数据锁存器地址
#define DACR XBYTE[0x7FFF]           //定义两个 DAC0832 的 DAC 寄存器地址
#define uchar unsigned char          //预定义
void dac2b(data1,data2)
uchar data1,data2;
{
    INPUTR1=data1;                   //数据送到第一片 DAC0832
    INPUTR2=data2;                   //数据送到第二片 DAC0832
    DACR=0;                          //启动两路 D/A 同时转换
}
```

（三）D/A 转换器的主要技术参数

1. 分辨率

分辨率是指 D/A 转换器可输出的模拟量的最小变化量，也就是最小输出电压（输入的数字量只有 D0=1）与最大输出电压（输入的数字量所有位都等于 1）之比。也通常定义刻度值与 $2n$ 之比（n 为二进制位数）。二进制位数越多，分辨率越高。例如，若满量程为 5V，根据分辨率定义，则分辨率为 $5V/2n$。设 8 位 D/A 转换，即 n=8，分辨率为 $5V/2^8 \approx 19.53mV$，即二进制变化一位可引起模拟电压变化 19.53mV，该值占满量程的 0.195%，常用 1LSB 表示。

同理：

10 位 D/A 转换　$1LSB=5000mV/2^{10}=4.88mV=0.098\%$满量程；

12 位 D/A 转换　$1LSB=5000mV/2^{12}=1.22mV=0.024\%$满量程；

16 位 D/A 转换　$1LSB=5000mV/2^{16}=0.076mV=0.0015\%$满量程。

分辨率有两种表示：

（1）常用相对值（百分值）表示。

分辨率$=\triangle/$满量程$=\triangle/(2^n \times \triangle)=1/2^n$

（2）可直接用 D/A 转换器的位数表示。

例如，8 位 D/A 转换器的分辨率为 8 位；10 位 D/A 转换器的分辨率为 10 位。

2. 转换精度

D/A 转换精度指模拟输出实际值与理想输出值之间的误差，包括非线性误差、比例系数误差、漂移误差等项误差。用于衡量 D/A 转换器将数字量转换成模拟量时，所得模拟量的精确程度。

注意：精度与分辨率是两个不同的参数。精度取决于 D/A 转换器各个部件的制作误差，而分辨率取决于 D/A 转换器的位数。

3. 转换速度

D/A 转换速度是指从二进制数输入到模拟量输出的时间，时间越短速度越快，一般为几十到几百微秒。

4. 输出电平范围

输出电平范围是指当 D/A 转换器可输出的最低电压与可输出的最高电压的电压差值。常用的 D/A 转换器的输出范围是 0～+5V，0～+10V，−2.5～+2.5V，−5～+5V，−10～+10V。

三、任务实施

（一）总体思路

在这个任务中要将给单片机输出的数字信号转换为仪器仪表能够测试或直接使用的模拟信号，因此，在单片机与测试仪表之间要连接一个 D/A 转换器。由于输出信号的频率较低，所以输出的信号经过两级放大后再测量。使用按键扫描来实现波形的变换。具体来说就是用 AT89S51 单片机作控制，时钟为 12MHz，选择 DAC0832 作 D/A 转换器，单片机输出产生信号的数据。控制 DAC0832 输入数据的大小及组合关系，得到不同的波形。经 D/A 转换，放大，输出模拟信号。总体结构框图如图 3-2-6 所示。

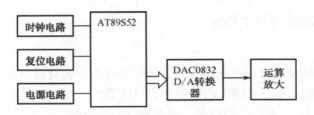

图3-2-6　信号发生器总体结构框图

（二）设计电路原理图

函数信号发生器仿真参考电路原理图如图 3-2-7 所示。图中采用单缓冲方式连接，没有采用锁存器而是直接用 P2.7 口作为片选信号控制端口。图中 P1.0、P1.1、P1.2、P1.3 这几个端口接 4 个控制开关，用来选择输出函数的波形。P0 口输出波形数据，输出电路由 DAC0832 和两级放大电路组成。

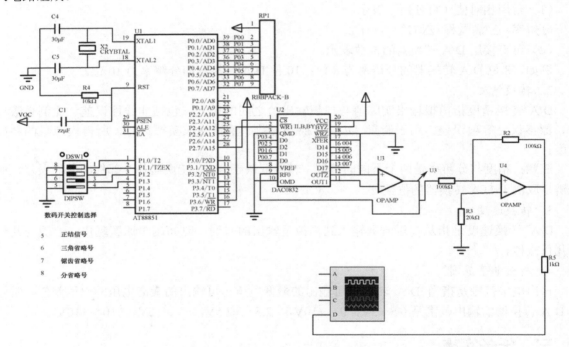

图3-2-7　函数信号发生器参考电路原理图

打开 Proteus ISIS，在 Proteus ISIS 编辑窗口中单击元件列表上的"P"按钮，添加表 3-2-1 所示的元件。

在 Proteus ISIS 编辑窗口中添加完原件后，按图 3-2-7 所示绘制电路原理图。

表 3-2-1　主要元件清单

元 件 名 称	型　号	数量/个	元 件 名 称	型　号	数量/个
单片机	AT89S51	1	拨码开关	DIPSW-4	1
晶振	12MHz	1	D/A 芯片	DAC0832	1
电容	30pF	2	放大芯片	uA470	2

续表

元 件 名 称	型 号	数量/个	元 件 名 称	型 号	数量/个
电解电容	20μF/10V	1	电源 V	+5V/1A	1
电阻	10kΩ，50kΩ，100kΩ	1，1，2			
排阻	10kΩ×8	1			

（三）程序流程图

主程序采用查询方式，通过不断扫描 P1 口的状态来确定调用不同的函数，产生不同的波形，程序分别用 4 个子函数来产生不同的波形。程序流程图如图 3-2-8 所示。

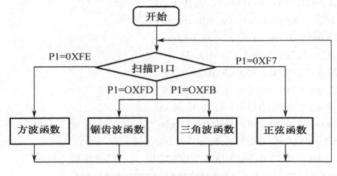

图3-2-8　程序流程图

（四）程序源代码及解析

C 语言源程序如下：

```
/*****************************************************/
//                    函数信号发生器 C 程序
/*****************************************************/
#include<reg51.h>                         //51 头文件
#include<absacc.h>                         //定义可以访问绝对地址
#define uchar unsigned char;               //预定义
xdata char DAC0832   _at_ 0x7fff;          //定义 DAC0832 地址
float code table2[]={
    0x80,0x83,0x85,0x88,0x8A,0x8D,0x8F,0x92,
    0x94,0x97,0x99,0x9B,0x9E,0xA0,0xA3,0xA5,
    0xA7,0xAA,0xAC,0xAE,0xB1,0xB3,0xB5,0xB7,
    0xB9,0xBB,0xBD,0xBF,0xC1,0xC3,0xC5,0xC7,
    0xC9,0xCB,0xCC,0xCE,0xD0,0xD1,0xD3,0xD4,
    0xD6,0xD7,0xD8,0xDA,0xDB,0xDC,0xDD,0xDE,
    0xDF,0xE0,0xE1,0xE2,0xE3,0xE3,0xE4,0xE4,
    0xE5,0xE5,0xE6,0xE6,0xE7,0xE7,0xE7,0xE7,
    0xE7,0xE7,0xE7,0xE7,0xE6,0xE6,0xE5,0xE5,
    0xE4,0xE4,0xE3,0xE3,0xE2,0xE1,0xE0,0xDF,
    0xDE,0xDD,0xDC,0xDB,0xDA,0xD8,0xD7,0xD6,
```

```
        0xD4,0xD3,0xD1,0xD0,0xCE,0xCC,0xCB,0xC9,
        0xC7,0xC5,0xC3,0xC1,0xBF,0xBD,0xBB,0xB9,
        0xB7,0xB5,0xB3,0xB1,0xAE,0xAC,0xAA,0xA7,
        0xA5,0xA3,0xA0,0x9E,0x9B,0x99,0x97,0x94,
        0x92,0x8F,0x8D,0x8A,0x88,0x85,0x83,0x80,
        0x7D,0x7B,0x78,0x76,0x73,0x71,0x6E,0x6C,
        0x69,0x67,0x65,0x62,0x60,0x5D,0x5B,0x59,
        0x56,0x54,0x52,0x4F,0x4D,0x4B,0x49,0x47,
        0x45,0x43,0x41,0x3F,0x3D,0x3B,0x39,0x37,
        0x35,0x34,0x32,0x30,0x2F,0x2D,0x2C,0x2A,
        0x29,0x28,0x26,0x25,0x24,0x23,0x22,0x21,
        0x20,0x1F,0x1E,0x1D,0x1D,0x1C,0x1C,0x1B,
        0x1B,0x1A,0x1A,0x1A,0x19,0x19,0x19,0x19,
        0x19,0x19,0x19,0x19,0x1A,0x1A,0x1A,0x1B,
        0x1B,0x1C,0x1C,0x1D,0x1D,0x1E,0x1F,0x20,
        0x21,0x22,0x23,0x24,0x25,0x26,0x28,0x29,
        0x2A,0x2C,0x2D,0x2F,0x30,0x32,0x34,0x35,
        0x37,0x39,0x3B,0x3D,0x3F,0x41,0x43,0x45,
        0x47,0x49,0x4B,0x4D,0x4F,0x52,0x54,0x56,
        0x59,0x5B,0x5D,0x60,0x62,0x65,0x67,0x69,
        0x6C,0x6E,0x71,0x73,0x76,0x78,0x7B,0x7D};      //正弦波形数据表
/*************************************************************/
//函数名:Delay(uchar y)
//功能:延时程序
//调用函数:
//输入参数:y
//输出参数:
//说明:程序的延时时间为 y 乘以 1ms
/*************************************************************/
void Delay(x)                                    //延迟函数
{
    unsigned char y;
    while(x--)
    {
        for(y=0;y<125;y++);                      //该步运行时间约为 1ms
    }
}
/*************************************************************/
//函数名:fang()
//功能:方波程序
//调用函数:
//输入参数:
//输出参数:
//说明:通过 DAC0832 输出高低电平来实现方波信号的输出
/*************************************************************/
void fang()
```

```
{
        DAC0832=0;                              //输出低电平
        Delay(10);                              //延时
        DAC0832=0xff;                           //输出高电平
        Delay(10);                              //延时
}
/**************************************************************/
//函数名:juchi()
//功能:锯齿波程序
//调用函数:
//输入参数:
//输出参数:
//说明:i 值从 0~255 变化,使得输出口逐渐由变化得到锯齿波型
/**************************************************************/
void juchi()
{
    unsigned char i;
        for(i=0;i<255;i++)
                {
                        DAC0832=i;      //将 i 值从 0~255 通过 P0 口输出到 DAC0832
                        Delay(1);
                }
}
/**************************************************************/
//函数名:sanjiao()
//功能:三角波程序
//调用函数:
//输入参数:
//输出参数:
//说明:i 从 0~255 变化,然后再从 255~0 变化使得输出变化得到三角波
/**************************************************************/
void sanjiao()
{
    unsigned char i;
    for(i=0;i<255;i++)
        {
                DAC0832=i;                      //将 i 值从 0~255 通过 P0 口输出到 DAC0832
                Delay(1);
        }
    for(i=255;i>0;i--)
        {
                DAC0832=i;                      //将 i 值从 255~0 通过 P0 口输出到 DAC0832
                Delay(1);
        }
}
/**************************************************************/
```

```c
//函数名:sin()
//功能:正弦波程序
//调用函数:
//输入参数:
//输出参数:
//说明:利用正弦波形信号数据表来得到正弦波
/**********************************************************/
void sin()
{
    unsigned char i;
    for(i=0;i<256;i++)
        {
            DAC0832=table2[i];
            Delay(1);
        }
}
/**********************************************************/
//主函数
/**********************************************************/
void main(void)//主函数
{
    while(1)
    {
        if(P1==0xfe)                    //P1.0 按钮对应方波信号输出
            {
                fang();
            }
        else if(P1==0xfd)               //P1.1 按钮对应锯齿波信号输出
            {
                juchi();
            }
        else if(P1==0xfb)               //P1.2 按钮对应三角波信号输出
            {
                sanjiao();
            }
        else if(P1==0xf7)               //P1.3 按钮对应正弦波信号输出
            {
                sin();
            }
        else
            {
                DAC0832=0;
            }
    }
}
```

（五）程序调试仿真

1．HEX 文件的生成

（1）打开单片机软件开发系统 Keil μVision，单击"μVision"菜单中的"Project"，在此下拉菜单中单击"New Project"选项后，弹出"Creat New Project"对话框，输入新建项目名称。

（2）输入新建项目名称并单击"确定"按钮后，在弹出的"Select Device"对话框中选择合适的单片机型号，如 AT89S52。

（3）单击"μVision"菜单中的"File"，在此下拉菜单中选择"New"后，打开一个空的文本编辑窗口，在此窗口中输入程序，创建新的源程序"函数信号发生器.C"文件。

（4）在左边的"Project"窗口的"File"页中单击文件组，再单击鼠标右键，在弹出的窗口中选中"Add File to Group 1"选项，将"函数信号发生器.C"程序导入到"Source Group 1"中。

（5）在"Project"下拉菜单中，选择"Options for Target"，将会弹出"Options for Target"对话框，在此对话框中选中"Output"选项卡中的"Creat HEX File"选项。

（6）在"Project"下拉菜单下，选择"Rebuild all Target Files"项。若程序编译成功，将生成"函数信号发生器.HEX"文件。

2．调试与仿真

（1）在 Proteus ISIS 编辑窗口中，单击鼠标右键，将 AT89C52 单片机选中（由于 Proteus 库里面没有 AT89S52，所以用 AT89C52 来代替）并单击鼠标左键，弹出"Edit Component"对话框，在此对话框的"Clock Frequency"栏中设置单片机的晶振频率为 12MHz，在"Program File"栏中单击文件夹图标，选择先前用 Keil μVision 生成的"函数信号发生器.HEX"文件。

（2）在 Proteus ISIS 编辑窗口"File"菜单中选择"Save Design"选项，保存设计，生成"函数信号发生器.DSN"文件。

（3）在 Proteus ISIS 编辑窗口中单击"运行" ▶ 按钮或在"Debug"菜单中选择"Execute"，则会出现 Digital Oscilloscope 界面看到波形图。仿真画面如图 3-2-9 所示。

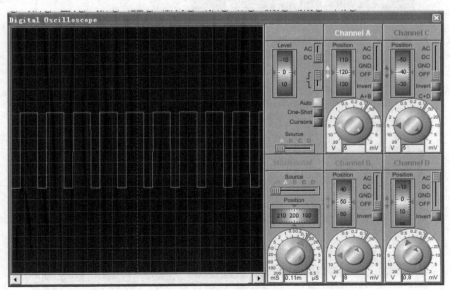

（a）方波

图3-2-9 仿真画面

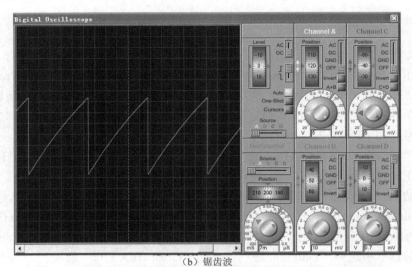

（b）锯齿波

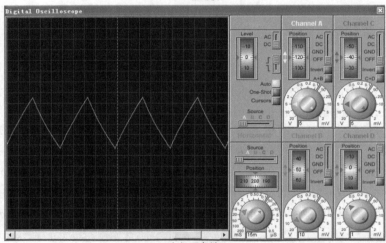

（c）三角波

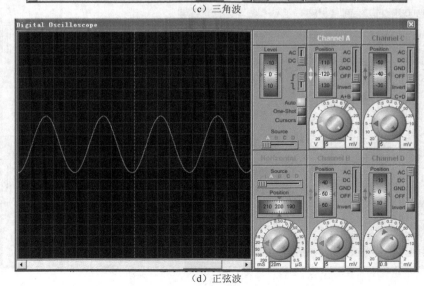

（d）正弦波

图3-2-9　仿真画面（续）

项目四　通信口应用与控制的设计与制作

现代化厂矿企业的生产线、设备的实时控制或工艺参数的巡回检测与管理，目前都大量地采用单片机嵌入到系统中来实现。这里需要了解的是，在企业自动化生产过程中，一个产品的加工与生产，是由多个工段按生产工艺要求组合成的。而每个工段又分很多道工序，每道工序又有若干个加工、控制、检测等生产节点构成，所以，在一个复杂的实时控制系统中，往往要用多个单片机分别控制不同的工艺段来设计。为了让这些相对独立控制的单片机在完整的生产工段中协调、可靠地运行，同时也为了让生产人员高效地掌握与管理整个工段，就有必要让这些独立控制的单片机之间或与上位机（一般上位机都采用工控机或个人计算机）能进行信息交换，也就是人们所说的数据通信。

通过本项目的学习与实践，希望能深入了解单片机与单片机、单片机与上位机之间进行信息通信的基本过程与通信协议，掌握利用单片机通信口和一般通信器件来设计控制系统的专业技能。

数据通信方式有并行通信与串行通信两种。

并行通信指数据的各个位能同时进行传送的一种通信方式。其优点是数据传送速度快、效率高；缺点是数据有多少位就要多少根数据线相互接口，尤其在远程通信时成本很高。所以，并行通信一般应用在高速、短距离（一般几米之内）的场合。

串行通信是指使用一条数据线，将数据一位一位地依次传输，每位数据占据一个固定的时间长度。因此，只需要少数几根线就可以在系统间进行信息交换。其优点是成本低、特别适合远距离通信。目前，采用串行通信方式进行信息交换是各类电子产品乃至工业控制的主流。如常用的 USB、RS232、RS485 等接口都属于串行通信标准接口。

本项目将通过单片机双向通信控制系统设计与无线抄表系统的控制设计两个任务的学习与实训，从而让读者掌握单片机串行口的设计应用与通信协议程序的设计方法。

任务一　单片机双向通信控制系统的设计与制作

一、任务分析

51 系列单片机有一对全双工的串行口，由 P3.0、P3.1 分别复用为串行接收端与串行发送端，且能同时进行数据发送和接收。这样不仅能实现单片机与单片机之间，而且可以通过电平转换电路实现与工控机或 PC 的通信。

本次任务的目标就是利用 51 单片机的串行口，设计一个两片 AT89S51 之间能实现双向通信的控制系统。其中一片称为 A 机，另一片称为 B 机。A 机通过一只按钮可以向 B 机发送字符控制信息，每按一次则 B 机接收到该控制字符后，让 B 机上的 8 只发光二极管按一定的规律点亮；B 机同样也通过一只按钮可以向 A 机发送字符控制信息，每按一次则 B 机接收到该控制字符后，让 A 机上的数码管轮流显示数字 0~9，从而实现双向通信。当然，读者可以自己选择不同的控制对象实现不同的功能。

当程序在 Keil C 中编译通过并生成 HEX 文件后，要求在 Proteus 中完成仿真。样机制作可以根据条件采用万能板焊接或在做好的 PCB 上焊接，也可以利用现成的单片机实训装置来实现。

除了组成控制必须的最小化系统，A 机的硬件接口方案是，单位共阳数码管的段码位通过限流电阻后，分别接 P0 口的 P1.0～P1.6；按钮接 P3.7。B 机的硬件接口方案是，8 只发光二极管负极分别接 P1 口的 P1.0～P1.7；按钮接 P3.7。

A 机的 P3.0，即串行口接收端（RXD）与 P3.1，即串行口发送端（TXD）分别接 B 机的 P3.1（TXD）与 P3.0（RXD），如图 4-1-1 所示。

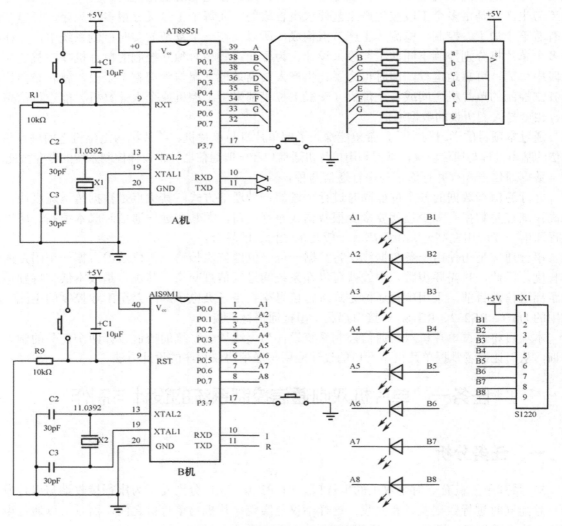

图4-1-1　两片单片机通信原理图

二、任务准备

（一）串行通信基本知识

串行通信分同步通信与异步通信。

同步通信指传送信息的每个字符都要用起始位和停止位作为字符开始和结束的标志，也就是在传送报文的最前面附加特定的同步字符，使发收双方建立同步，此后便在同步时钟的控制下逐位发送与接收。同步通信要求由时钟来实现发送端与接收端之间的同步，故硬件较复杂。正是由于实现同步通信的硬件和软件成本较高，这也是同步通信未广泛应用的原因之一。

异步通信指传送信息时用一个起始位表示字符的开始，用停止位表示字符的结束。这种包含一个起始位表示开始与一个停止位表示结束的全部内容的一个字符称为一帧。其每帧的格式如下：在一帧格式中，先是一个起始位 0，然后是 8 个数据位，规定低位在前，高位在后，接下来是奇偶校验位（可以省略），最后是停止位 1。用这种格式表示字符，则字符可以一个接一个地传送，如图 4-1-2 所示。51 系列单片机就是采用的这种通信方式。

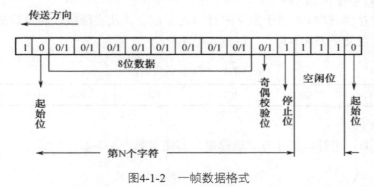

图4-1-2　一帧数据格式

在异步通信中，CPU 与外设之间必须有两项规定，即字符格式和波特率的要求。字符格式的规定是双方能够对同一种 0 和 1 的串理解成同一种意义。原则上字符格式可以由通信的双方自由制定，但从通用、方便的角度出发，一般还是使用一些标准为好，如发送的字符采用对应的 ASCII 码。至于波特率的要求与标准将在 51 单片机串口工作方式这部分详细阐述。

串行通信的方向分为单工传送与双工传送。双工传送又分为半双工传送与全双工传送。

在串行通信中，把通信接口只能发送或接收的单向传送方法称为单工传送，如发射台、收音机或电视机等设备。

把数据在甲、乙两机之间的双向传递，称为双工传送。在双工传送方式中又分为半双工传送和全双工传送。半双工传送是两机之间不能同时进行发送和接收，在任一时刻，只能发送或者只能接收信息，如步话机或对讲机的相互通信。

全双工传送是指两机之间能够同时发送或接收信息，如手机通信、宽带上网等。

（二）51 系列单片机的串行通信

51 系列单片机的串行接口是一个可编程的全双工串行通信接口，通过引脚 RXD（P3.0，串行数据接收端）和引脚 TXD（P3.1，串行数据发送端）与外界通信，既可以作为串行异步通信（UART）接口，也可以作同步移位寄存器方式下的扩展接口使用。以两片单片机相互通信为例，其通信口的连接形式如图 4-1-3 所示。

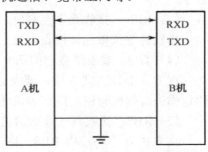

图4-1-3　两片单片机通信连接

（三）串行口的特殊功能寄存器

1. 发送/接收缓冲器 SBUF

SBUF 对应着两个寄存器，一个是串行发送寄存器，另一个是串行接收寄存器，但它们都用 SBUF 这一个名称，且统一编址为 99H，故初学者往往搞不清楚。其实发送或接收虽然都用 SBUF，但不会出现冲突，事实上是两个寄存器，一个只能发送数据用、另一个只能接收数据用。举个例子，在编程时如果想从 TXD 发送一个数据，假设这个数据存放在 buffer 中，指令写成"SBUF=buffer；"。反之，如果通过 RXD 接收一个数据，假设接收的数据准备存放到 buffer 中，指令写成"buffer=SBUF；"，所以是不一样的。

2. 串行口控制寄存器 SCON

串行口控制寄存器 SCON 用于定义串行口的工作方式及实施接收和发送控制，该寄存器地址为 98H，其各位定义见表 4-1-1。

表 4-1-1　SCON 各位的定义

SM0	SM1	SM2	REN	TB8	RB8	TI	RI

各位的含义如下：

（1）SM0、SM1：串行口工作方式选择位，其定义见表 4-1-2。

表 4-1-2　SM0、SM1 的定义

方　式　位		工 作 方 式	功　　能	波　特　率
SM0	SM1			
0	0	方式 0	同步移位寄存器方式	Fosc/12
0	1	方式 1	8（10）位 UART 方式	须设置
1	0	方式 2	9（11）位 UART 方式	Fosc/32(64)
1	1	方式 3	9（11）位 UART 方式	须设置

表中的 Fosc 指单片机晶振的频率。

（2）SM2：多机通信控制位。

在方式 0 时，SM2 一定要等于 0。在方式 1 中，当（SM2）=1，则只有接收到有效停止位时，RI 才置 1。在方式 2 或方式 3 中，当（SM2）=1 且接收到的第 9 位数据 RB8=0 时，RI 才置 1。

（3）REN：接收允许控制位。

由软件置位以允许接收，又由软件清"0"来禁止接收。

（4）TB8：要发送数据的第 9 位。

在方式 2 或方式 3 中，要发送的第 9 位数据，根据需要由软件置"1"或清"0"。例如，可约定作为奇偶校验位，或在多机通信中作为区别地址帧或数据帧的标志位。

（5）RB8：接收到的数据的第 9 位。

在方式 0 中不使用 RB8。在方式 1 中，若（SM2）=0，RB8 为接收到的停止位。在方式 2 或方式 3 中，RB8 为接收到的第 9 位数据。

（6）TI：发送中断标志位。

在方式 0 中，第 8 位发送结束时，由硬件置位。在其他方式的发送停止位前，由硬件置位。TI 置位既表示一帧信息发送结束，同时也是申请中断，可根据需要，用软件查询的方法获得数据已发送完毕的信息，或用中断的方式来发送下一个数据。TI 必须用软件清"0"。

（7）RI：接收中断标志位。

在方式 0 中，当接收完第 8 位数据后，由硬件置位。在其他方式中，在接收到停止位的中间时刻由硬件置位（例外情况见 SM2 的说明）。RI 置位表示一帧数据接收完毕，可用查询的方法获知或者用中断的方法获知。RI 也必须用软件清"0"。

3. 电源控制寄存器 PCON

串行口设置中借用了 PCON（直接地址为 87H）的最高位 SMOD，该特殊功能寄存器本身不可位寻址，基本功能见表 4-1-3。

表 4-1-3　SMOD 的基本功能

SMOD	—	—	—	GF1	GF0	PD	IDL

（1）SMOD：波特率加倍位。

当使用 T1 作波特率发生器，且工作在方式 1 或 2 时，如果 SMOD=1，则传送的波特率增加一倍；SMOD=0，则不加倍。

（2）GF1、GF0：普通标志位。

用户可以根据需要选择使用。

（3）PD：掉电工作模式。

当 PD 为 1 时，单片机进入掉电工作方式。在掉电方式下，CPU 停止工作，片内振荡器停止工作。由于时钟被"冻结"，一切功能都停止。片内 RAM 的内容和专用寄存器中的内容一直保持到掉电方式结束为止。退出掉电方式的唯一途径是硬件复位，复位时会重新定义专用寄存器中的值，但不改变片内 RAM 的内容。即在掉电方式下，只有片内 RAM 的内容被保持，专用寄存器的内容则不保持。

（4）IDL：空闲工作模式。

当 IDL 为 1 时，单片机进入空闲模式。在空闲模式下，CPU 处于睡眠状态，但片内的其他部件仍然工作，而且片内 RAM 的内容和所有专用寄存器的内容在空闲方式期间都被保留起来。

终止空闲方式有两条途径，一个方法是激活任何一个被允许的中断，IDL（PCON. 0）将被硬件清除，结束空闲工作方式，中断得到响应后，进入中断服务子程序，紧跟在 RETI 之后，下一条要执行的指令将是使单片机进入空闲方式那条指令的后面一条指令；另一个方法是通过硬件复位。要注意的是，当空闲方式是靠硬件复位来结束时，CPU 通常都是从激活空闲方式那条指令的下一条指令开始继续执行。但要完成内部复位操作，硬件复位信号要保持 2 个机器周期（24 个振荡器周期）有效。

（四）串行口工作方式

从前面的 SCON 学习中可知，AT89S51 单片机的全双工串行口可设置为 4 种工作方式，现详细叙述如下：

1. 方式 0

方式 0 为移位寄存器输入/输出方式。可外接移位寄存器以扩展 I/O 口，也可以外接同步输入/输出设备。8 位串行数据是从 RXD 输入或输出，TXD 用来输出同步脉冲。

当输出时，串行数据从 RXD 引脚输出，TXD 引脚输出移位脉冲。CPU 将数据写入发送寄存器时，立即启动发送，将 8 位数据以 fos/12 的固定波特率从 RXD 输出，低位在前，高位在后。发送完一帧数据后，发送中断标志 TI 由硬件置位。

当输入时，串行口以方式 0 接收，先置位允许接收控制位 REN。此时，RXD 为串行数据输入端，TXD 仍为同步脉冲移位输出端。当 RI=0 和 REN=1 同时满足时，开始接收。当接收到第 8 位数据时，将数据移入接收寄存器，并由硬件置位 RI。

2. 方式 1

方式 1 为波特率可变的 10 位异步通信接口方式。发送或接收一帧信息，包括 1 个起始位 0，8 个数据位和 1 个停止位 1。

当输出时，CPU 执行一条指令将数据写入发送缓冲 SBUF，就启动发送。串行数据从 TXD 引脚输出，发送完一帧数据后，由硬件置位 TI。

当输入时，在 REN=1 时，串行口采样 RXD 引脚，当采样到 1～0 的跳变时，确认是开始位 0，就开始接收一帧数据。只有当 RI=0 且停止位为 1 或者 SM2=0 时，停止位才进入 RB8，8 位数据才能进入接收寄存器，并由硬件置位中断标志 RI，否则信息就丢失了。所以在方式 1 接收时，应先用软件清"0" RI 和 SM2 标志。

3. 方式 2

方式 2 为固定波特率的 11 位 UART 方式。它比方式 1 增加了一位可程控的为 1 或 0 的第 9 位数据。

当输出时，发送的串行数据由 TXD 端输出一帧信息为 11 位，附加的第 9 位来自 SCON 寄存器的 TB8 位，用软件置位或复位。它可作为多机通信中地址/数据信息的标志位，也可以作为数据的奇偶校验位。当 CPU 执行一条数据写入 SUBF 的指令时，就启动发送器发送。发送一帧信息后，置位中断标志 TI。

当输入时，在 REN=1 时，串行口采样 RXD 引脚，当采样到 1～0 的跳变时，确认是开始位 0，就开始接收一帧数据。在接收到附加的第 9 位数据后，当 RI=0 或者 SM2=0 时，第 9 位数据才进入 RB8，8 位数据才能进入接收寄存器，并由硬件置位中断标志 RI；否则信息丢失，且不置位 RI。再过一位时间后，不管上述条件是否满足，接收电路即行复位，并重新检测 RXD 上从 1～0 的跳变。

4. 方式 3

方式 3 也为波特率可变的 11 位 UART 方式。除波特率外，其余与方式 2 相同。

（五）波特率的概念与选择

在前面的学习中，我们发现有一个名称频繁出现，那就是波特率。波特率，就是每秒钟传送的二进制的位数，单位是 bps（bits per second）。它是衡量串行数据传输速度快慢的一项重要指标。

在串行通信中，收发双方的数据传送率（波特率）要有一定的约定。在 51 单片机串行口的 4 种工作方式中，方式 0 和 2 的波特率是固定的，为主振频率的 1/12、1/32 或 1/64。而方式 1 和 3 的波特率是可变的，由定时器 T1 的溢出率控制。在方式 1 或方式 3 下，可用式（4-1-1）表示：

$$波特率 = (2^{SMOD}/32) * T1 \text{ 溢出率} = (2^{SMOD}/32) * [f_{osc}/12(256-X)] \qquad (4-1-1)$$

T1 溢出率 = T1 计数率/产生溢出所需的周期数。

式中，T1 计数率取决于它工作在定时器状态还是计数器状态。当工作于定时器状态时，T1 计数率为 fosc/12；当工作于计数器状态时，T1 计数率为外部输入频率，此频率应小于 fosc/24。产生溢出所需周期与定时器 T1 的工作方式、T1 的预置值有关。

定时器 T1 工作于方式 0：溢出所需周期数=8192-X。

定时器 T1 工作于方式 1：溢出所需周期数=65536-X。

定时器 T1 工作于方式 2：溢出所需周期数=256-X。

因为方式 2 为自动重装入初值的 8 位定时/计数器模式，所以用它来做波特率发生器最恰当。

下面举一个例子来说明根据已知波特率来计算定时器 T1 工作在方式 2 时定时初值的计算。

【例 4-1-1】 已知用 AT89S51 单片机作串行通信，要求工作在串口方式 1 下，波特率选取 4800bps 且不加倍，系统晶振选的是 11.0592MHz，求 TH1 与 TL1 装入的初值是多少？

解：设要求的值为 X，利用式（4-1-1）可以得到：

$$波特率=(2^{SMOD}/32)*[fosc/12(256-X)]$$

即

$$4800=(2^0/32)*[11.0592/12(256-X)]$$

求得 X=250 转换成十六进制是 0XFA

在刚才的例子中，晶振选用了一个非常怪的频率，就是 11.0592MHz。为什么要选这个频率？可能有的读者已经从刚才的例子中有点明白了。事实是，串口通信选用的波特率是有标准的，如 110KBps、300KBps、600KBps、1200KBps、2400KBps、4800KBps、9600KBps、19.2KBps 等，注意这些数值与 11.0592MHz 是整数倍的关系。如果选用 12MHz 或 6MHz 的晶振，计算出的 T1 的初值就不是一个整数，这样会造成波特率误差积累，影响串行通信的可靠性。所以，很多单片机系统选用这个看起来"怪"的晶振就是这个道理。下面列出一些常用的波特率初值，见表 4-1-4。

表 4-1-4 常用的波特率初值

波特率	晶振	T1 初值	
（bps）	（MHz）	SMOD=0	SMOD=1
300	11.0592	0xA0	0x40
600	11.0592	0xD0	0xA0
1200	11.0592	0xE8	0xD0
1800	11.0592	0xF0	0xE0
2400	11.0592	0xF4	0xE8
3600	11.0592	0xF8	0xF0
4800	11.0592	0xFA	0xF4
7200	11.0592	0xFC	0xF8
9600	11.0592	0xFD	0xFA
14400	11.0592	0xFE	0xFC
19200	11.0592	—	0xFD
28800	11.0592	0xFF	0xFE

三、任务实施

1. 程序设计

根据原理图编写程序，并在 Keil C 中编译。

程序如下：

```c
//---------------------A 机程序---------------------
//说明:A 机通过 TXD 向 B 机发送命令,控制 B 机 LED,A 机也可以接收 B 机发送的命令,
//        接收下来后让数码管显示。
//---------------------------------------------------------
#include<reg51.h>
#define uchar unsigned char
#define uint unsigned int
#define SMG   P0                //数码管段码位接 P0 口
sbit K1=P3^7;                   //按钮接至 P3.7 口
uchar Anjian_num=0;             //按键操作计数码

//共阳数码管段码
uchar code DM[]={0xc0,0xf9,0xa4,0xb0,0x99,0x92,0x82,0xf8,0x80,0x90};

//-------------------------延时子程序-------------------------
void YS(uint ms)
{
uchar i;
while(ms--) for(i=0;i<120;i++);
}
//---------------向串口发送字符子程序-------------------------
void Send_char(uchar c)
{
SBUF=c;
while(TI==0);
TI=0;
}
//---------------------主程序-------------------------
void main()
{
P1=0xff;
P0=0xff;
SCON=0x50;          //串口模式 1,允许接收
TMOD=0x20;          //T1 工作在方式 2
PCON=0x00;          //波特率不倍增
TH1=0xfd;           //波特率 9600 的 T1 初值
TL1=0xfd;
TI=RI=0;
TR1=1;              //打开 T1
```

```
EA=1;                //总中断允许
ES=1;                //串行口中断允许
while(1)
{
YS(100);
if(K1==0)        // 当 K1 按下时
{
YS(10);          //消抖动
if(K1==0)
    {
Anjian_num=(Anjian_num+1)%10; //按键计数值加 1,但到 10 时恢复为 0
 while(K1==0);
    }
switch(Anjian_num)              //根据操作代码发送'A—I'或停止发送
{
case 0: Send_char('X');
break;
case 1: Send_char('A');
break;
case 2: Send_char('B');
break;
case 3: Send_char('C');
break;
case 4: Send_char('D');
break;
case 5: Send_char('E');
break;
case 6: Send_char('F');
break;
case 7: Send_char('G');
break;
case 8: Send_char('H');
break;
case 9: Send_char('I');
break;
}
}
}
}
//甲机串口接收中断函数
void receive() interrupt 4
{
if(RI)          //允许接收位有效
{
RI=0;           //接收允许位先复位
//如接收的数字在 0~9 之间,则显示在数码管上
```

```
if(SBUF>=0&&SBUF<=9) P0=DM[SBUF];
else P0=0xff;        //否则全灭
}
}
//---------------------------B 机程序-------------------------
//说明:B 机接收到 A 机发送的信号后,根据相应信号控制 LED 完成不同亮灭动作。
//        B 机发送数字字符,A 机收到后把'0~9'数字在数码管上显示出来。
//-------------------------------------------------------------
#include<reg51.h>
#define uchar unsigned char
#define uint unsigned int
#define LED   P1                  //8 只 LED 接 P1 口
sbit K2=P3^7;
uchar Number=-1;                 //发送的数字置初值-1,加 1 后即变 0
//-------------------------延时子程序-------------------------
void YS(uint ms)
{
uchar i;
while(ms--) for(i=0;i<120;i++);
}
//-------------------------主程序-------------------------
void main()
{
P1=0xff;
SCON=0x50; //串口模式 1,允许接收
TMOD=0x20; //T1 工作于方式 2
TH1=0xfd;       //波特率 9600 的 T1 初值
TL1=0xfd;
PCON=0x00;     //波特率不倍增
RI=TI=0;
TR1=1;          //打开 T1
IE=0x90;        //总中断打开、允许串行口中断
while(1)
{
YS(100);
if(K2==0)      // 当 K1 按下时
{
while(K2==0); //等待释放
Number=++Number%11; //产生 0~10 范围内的数字,其中,10 表示关闭
SBUF=Number;
while(TI==0);
TI=0;
}
}
}
void receive() interrupt 4
```

```
{
if(RI)          //如收到字符
{
RI=0;
switch(SBUF)    //收到不同的字符 LED 组合显示
{
case 'X': LED=0xff; break;       //收到 X,LED 全灭
case 'A': LED=0x55; break; //双位亮
case 'B': LED=0xaa; break; //单位亮
case 'C': LED=0xf0; break; //低 4 位亮
case 'D': LED=0x0f; break; //高 4 位亮
case 'E': LED=0xcc; break;
case 'F': LED=0x33; break;
case 'G': LED=0x66; break;
case 'H': LED=0x99; break;
case 'I': LED=0x00; break;         //全亮
}
}
}
```

2. 编译与仿真

将上述源程序在 Keil C 中编译并生成 HEX 文件，在 Proteus 中作原理图仿真。A 机程序与 B 机程序分开编译，在 Proteus 中模拟烧录时也应分别烧录。

注意：在 Keil C 中晶振要输入的是 11.0592MHz，如图 4-1-4 所示。编译结果如图 4-1-5 所示。

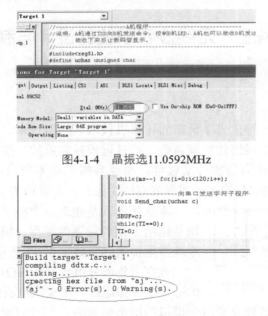

图4-1-4　晶振选11.0592MHz

图4-1-5　编译结果

Proteus 仿真结果如图 4-1-6 所示。要注意的是，Proteus 对单片机的仿真，在画原理图时可以省略最小化系统部分。但在实际做套件时，是不能省略的。

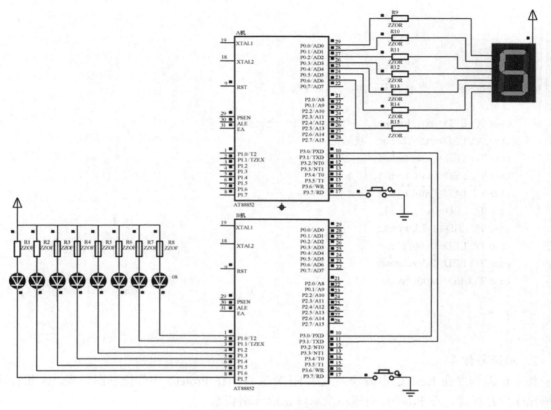

图4-1-6　Proteus仿真结果

任务二　无线抄表系统的设计与制作

一、任务分析

　　无线抄表监控系统是一种集成了最新的计算机技术、网络技术、通信技术及自动测量技术和自动化控制技术于一体的网络化管理系统。通过远程抄表监控系统，首先可以改变传统的人工管理模式，大大降低工作人员的劳动强度，避免数据汇送不及时，数据可信度低等人为因素，完全能够实现每天一表（日报表、月报表自动生成），为以后的生产分析提供科学依据。

图4-2-1　无线抄表系统数据传输框图

　　本次任务就是建立一个能实现数据采集并通过无线模块传送给上位机的硬件模型，模拟无线抄表系统的控制。系统数据传输框图如图 4-2-1 所示。

　　数据采集部分用一只 4.7kΩ可调电阻给 ADC0809 输入 0～5V 的模拟电压，来模拟电表的用电量，经 A/D 转换成数字信号送单片机；单片机接收到这个模拟的用电信息后，一方面通过数码管显示出用电量读数，代表电度表的窗口读数，另一方面这个用电量读数通过该单片机的串行通信口传送出去。然后，这个用电数被送至 KYL-610 无线传输模块，调制成 433MHz 的载波信号向空中发送出去。具体原理图如图 4-2-2 所示。

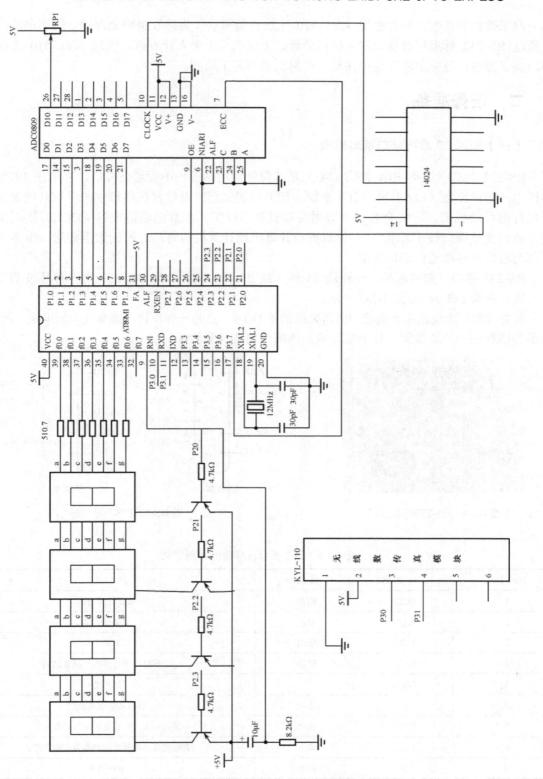

图4-2-2　模拟无线抄表数据采集与发送原理图

对于数据的接收，同样也用 KYL-610 无线传输模块作为接收解码处理端，解调出的用电读数通过 RS-232 标准串行接口送上位机处理；上位机采用个人计算机，预装 KYL-610 无线通信串口调试程序，该应用程序使用简单，在网上很容易下载到。

二、任务准备

（一）RS-232 串行接口基本知识

RS-232 接口（又称 EIA RS-232-C）是目前最常用的一种串行通信接口。它是在 1970 年由美国电子工业协会（EIA）联合贝尔系统、调制解调器厂家及计算机终端生产厂家共同制定的用于串行通信的标准。它的全名是"数据终端设备（DTE）和数据通信设备（DCE）之间串行二进制数据交换接口技术标准"。在计算机与计算机或计算机与终端之间的数据传送，很多工业仪器都将它作为标准通信端口使用。

RS-232 接口一般有两种，一种是 25 针（或 25 孔）座，称为 DB-25；另一种是 9 针（或 9 孔）座，称为 DB-9，如图 4-2-3 所示。

在单片机与上位机串行通信中经常采用的是 DB-9。这是一种 9 针（或 9 孔）标准座，图 4-2-4 所示为这种接口的原理图。每个插针或插座的使用意义见表 4-2-1。

图4-2-3　RS-232标准接口

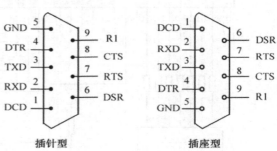

图4-2-4　DB-9脚位图

表 4-2-1　每个插针或插座的使用意义

DB-9 脚位	信 号 名 称	传 输 方 向	含　义
1	DCD	输入	数据载波检测
2	RXD	输入	数据接收端
3	TXD	输出	数据输出端
4	DTR	输出	数据终端（计算机）准备就绪
5	GND	—	信号地
6	DSR	输入	数据设备准备就绪
7	RTS	输出	发送请求（计算机要求发送数据）
8	CTS	输入	清除发送（调制解调器准备接收数据）
9	RI	输入	响铃指示

虽然 DB-9 的 9 个脚位都定义了不同的功能，但在做单片机与上位机相互通信的项目时，只要用其中的三根线就够了，就是 DB-9 的 2 脚、3 脚与 5 脚，在工程上称为"三线制"通信连接。

尤其要注意的是，RS-232 对逻辑电平的定义标准与 51 单片机的 TTL 逻辑电平完全不一样！大家知道，TTL 电平如果用正逻辑的话，高电平大于 2V ，标准高电平是+5V；低电平小于 0.7V，标准低电平是 0V。但 RS-232 标准规定：在 TXD 和 RXD 上，逻辑 1(MARK)=-3V～-15V、逻辑 0(SPACE)=+3～+15V，是用正、负电压来表示逻辑状态的。所以，个人计算机表达的逻辑信号与单片机不同。这就引出一个问题：单片机与个人计算机在进行信息交换时，它们之间不同的逻辑电平关系是如何匹配的呢？那就继续往下学习吧！

（二）TTL 电平与 RS-232 电平的转换

TTL 电平与 RS-232 电平转换在早期是用 MC1488 或 75188 等芯片实现 TTL 电平转 RS-232 电平；用 MC1489 或 75189 等芯片实现 RS-232 电平转 TTL 电平。现在用得最多的转换芯片是 MAX232、HIN232 或 MAX202 等，这些芯片的最大优点在于实现了 TTL 电平与 RS-232 电平之间的相互转换。所以本节重点介绍 MAX232，如图 4-2-5 所示。这是一片 16 脚的集成电路，根据使用场合可以选用双列直插的或表面安装的不同封装形式。

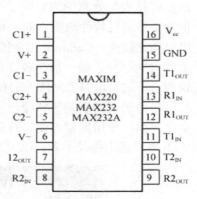

MAX232 的内部结构及典型外围连接如图 4-2-6 所示，图中上半部分连的外部电容 C1、C2、C3、C4 及 V+（+10V）、V-（-10V）是电源变换部分，V_{cc} 加了退耦电容 C5（可选 0.1μF）以消除电源噪声。C1、C2、C3、C4 典型值取 1.0μF/25V 的电解电容。大量实践证明，这 4 个电容也可以用 0.1μF 的无极性瓷片电容代替。安装时尽量靠近芯片而提高电路抗干扰能力。

图4-2-5　MAX232脚位图

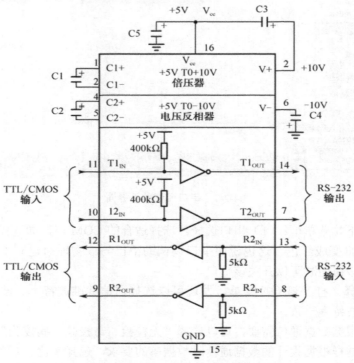

图4-2-6　MAX232内部结构及外围电路连接图

图 4-2-6 的下半部分是信号的发送与接收部分。芯片的 10 脚、11 脚，即 $T2_{IN}$、$T1_{IN}$ 可以直接与单片机的串行口发送端 TXD 相连；芯片的 9 脚、12 脚，即 $R2_{OUT}$、$R1_{OUT}$ 可以直接与单片机的串行口接收端 RXD 相连；芯片的 7 脚、14 脚，即 $T2_{OUT}$、$T1_{OUT}$ 可以直接与个人计算机 RS-232 口的第二脚 RXD 端相连；芯片的 8 脚、13 脚，即 $R2_{OUT}$、$R1_{OUT}$ 可以直接与个人计算机 RS-232 口的第三脚 TXD 端相连。

（三）串口调试工具的使用

通过学习已经知道，单片机与上位机之间的通信主要考虑的是逻辑电平的匹配问题，而这个问题已经通过 MAX232 芯片转换至 RS-232 解决。那么，当上位机接收到单片机的信息时，是如何接收与处理的呢？除了针对解决特定的问题需要一些专业的处理软件外，普通情况下是借助串口调试软件来操作的。目前，串口调试软件有很多，例如，章鱼串口调试工具、ComOne 串口调试软件、Commix 工业控制串口调试工具、串口调试助手等，这些小工具软件在使用方法上都大同小异，而一般学校在教学中或技能比赛中常用的是串口调试助手，所以，下面简单地说明一下这个串口工具软件的使用。

串口调试助手是一款绿色软件，没有那些乱七八糟的插件，软件大小在 $270k\Omega$ 左右，且是中文界面，使用非常方便。目前，串口调试助手也有几种不同的版本，如 V2.1、V2.2、V2.7、V3.0 等，使用都差不多。以 V2.1 为例，当打开串口调试软件时，其界面如图 4-2-7 所示。

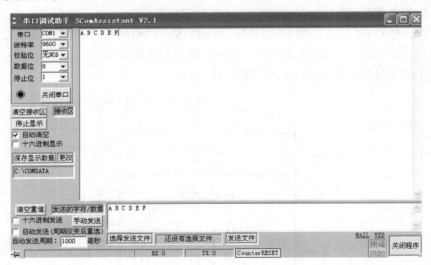

图4-2-7　串口调试助手界面

左上角有 5 个下拉菜单框：（1）串口选择。选择适合的 COM 口，如选择对了，那 5 个下拉菜单下面的指示灯将变成红色。这也说明串口调试助手已与该物理口建立了联系。当然，它旁边的"关闭串口"按钮随时可以开关该端口。

（2）波特率选择。打开该下拉菜单，发现可以选择通信标准波特率。波特率的选择当然要求与程序中所定的波特率一致。

（3）校验位。根据数据通信需要，可以选择"无校验、奇校验、偶校验"。

（4）数据位。同样根据设计的数据通信时数据串的要求，选择 8 位、7 位或 6 位数据位。

（5）停止位。可以根据每一数据串传输完毕时，需要选择 1 位停止位或 2 位停止位。以上下拉菜单除"串口选择"外，其余都与设计串口通信时所编写的通信程序有关。也就是说，完全可以对照相关的程序来设置。

图 4-2-7 左上中间部分是关于数据接收的相关设置或命令。其中包括：

（1）清空接收区按钮。按下该按钮后，数据接收区（图 4-2-7 中空间最大的那块区域）显示的串口接收下来的信息将被清空。

（2）停止显示按钮。按下该按钮后，数据接收区将暂停显示接下来从串口传输过来的数据信息；再按下一次，则继续向下显示，除非没有数据传输过来了。

（3）自动清空。勾选该功能，则接收的数据信息能自动清空。

（4）十六进制显示。勾选该功能，则接收框中显示的数据将以十六进制形式显示。

（5）保存显示数据。当接收到数据后，按下该功能按钮，则将把接收到的数据保存在默认文件夹内。当然，如果想变更保存路径，就按一下旁边的"更改"按钮，将出现保存路径的对话框，可以随便选择将保存数据的文件夹。

图 4-2-7 左下部分是关于数据发送的相关设置或命令。下面的长条空白部分则是上位机发送数据的显示框，当从个人计算机的键盘或其他途径输入准备发送的信息时，备发数据将在这个区域显示。当然，如果想清空已发送过的或修改准备发送的数据，则按一下左下的"清空重填"按钮。

（1）十六进制发送。勾选该功能，表示将发送的信息是十六进制的数据。

（2）手动发送。每按一次该按钮，将发送一次数据。

（3）自动发送。如勾选该功能，则将数据定时自动发送出去。

（4）自动发送周期。可以在旁边的栏内填自动发送数据的间隔周期，如填 1000ms 等。

（5）选择发送文件。如果想传送的数据已保存在计算机的其他地方，则单击该按钮，将出现路径对话框，可以找到将发送数据的地方，一旦选中该按钮，左边的栏内将显示文件的路径。如想发送的话就单击右边的"发送文件"按钮。

界面最下面的"RX："与"TX："分别是实时显示已接收的数据字节数与已发送的数据字节数。它旁边的"CounterRESET"按钮是清空所显示已发和已收字节数的。

（四）KYL-610 无线传输模块介绍

外形尺寸：40mm×24mm×6mm（不包括天线接头），如图 4-2-8 所示。

图4-2-8　KYL-610无线传输模块图片

1. 主要特点

（1）载波频率：433MHz。也可定制其他频段，如 300～350MHz，390～460MHz 及 780～925MHz。

（2）多种可选的通信接口：RS-232、TTL 或 RS-485 接口。

（3）数据格式：8N1/8E1/8O1（也可提供其他格式，如 9 位数据位）。

（4）传输速率：1200KBps、2400KBps、4800KBps、9600KBps、19200KBps、38400KBps、100KBps、250bps；

（5）16 个通信信道，也可根据客户要求扩展。

（6）透明的数据传输：提供透明的数据接口，能适应任何标准的用户协议。

（7）收发一体，半双工工作模式。

（8）采用单片射频集成电路及单片 MCU，外围电路少，功耗低，可靠性高。

（9）低成本、低功耗。

（10）工作温度：-35℃～+75℃（工业级）。

（11）天线阻抗：50Ω（标配为 SMA，可定制）。

2. 应用领域

（1）水、电、气等无线抄表系统及工业遥控、遥测及楼宇自动化、安防、机房设备无线监控、门禁系统。

（2）无线呼叫系统、无线排队机、医疗器皿。

（3）无线 POS、PDA。

（4）无线数据传输，自动化数据采集系统。

（5）无线 LED 显示屏、抢答器等、智能交通。

3. 详细规格

（1）供电电源：DC3.1-5.5V；

（2）输出功率：≤50mW；

（3）发射电流：<40mA；

（4）接收电流：<20Ma（TTL 接口）；

（5）接收灵敏度：-112dBm（1200bps）；-108dBm（9600bps）

（6）传输距离：200m 以上（BER=10-5@9600bps，标配 10cm 天线，空旷地，天线高度为 1.5m）；

（7）400m 以上（BER=10-5@1200bps，标配 10cm 天线，空旷地，天线高度为 1.5m）。

4. 接口定义（见表 4-2-2）

表 4-2-2　接口定义

PIN	接口名称	功能描述	I/O	电平	备注
1	GND	电源地	—	—	其他供电电压需定制
2	VCC	电源（DC）	—	3.1～5.5V	
3	RS 232 TXD	数据发送	0（输出）	RS-232	3 种接口信号只能选其一
	TTL TXD	数据发送	0（输出）	TTL	
	RS 485 A	485 接口 A 端	I/O	—	

续表

PIN	接口名称	功能描述	I/O	电 平	备 注
4	RS 232 RXD	数据接收	I（输入）	RS-232	3 种接口信号只能选其一
	TTL RXD	数据接收	I（输入）	TTL	
	RS-485 B	485 接口 B 端	I/O	—	
5	DGND	信号地	—	—	
6	NC	—	—	—	

5. 软件设置

信道与频率的对应关系见表 4-2-3。

表 4-2-3 信道与频率的关系

信 道 号	信道频率	信 道 号	信道频率	信 道 号	信道频率	信 道 号	信道频率
1	425.250MHz	2	426.250MHz	3	427.250MHz	4	428.250MHz
5	429.250MHz	6	430.250MHz	7	431.250MHz	8	432.250MHz
9	433.250MHz	10	434.250MHz	11	435.250MHz	12	436.250MHz
13	437.250MHz	14	438.250MHz	15	439.250MHz	16	440.250MHz

1）模块使用方法

（1）电源。KYL-610 无线电数传模块使用直流电源，工作电压从 3.1～5.5V。请注意模块发射可能会影响开关电源的稳定性。因此尽量避免使用开关电源，或者尽量拉开模块天线和电源的距离。为达到最好的通信效果，请尽量使用纹波系数较小的电源，电源的最大电流应该大于模块最大电流的 1.5 倍。

（2）模块与串行口的连接。模块通过接线端子的 3、4PIN 和终端进行异步数据通信，接口电平为 RS-232 或 TTL 之一（出厂时指定），通信速率为 1200～115200bps，数据格式为 8N1/8E1/8O1 软件可设置。通信时请确保双方接口电平、速率及数据格式一致。接线端子的定义及连接如图 4-2-9 所示。

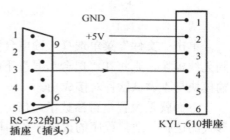

图4-2-9 KYL-610模块与RS-232接线图

（3）模块上的指示灯。每个模块上都各装有一只红色与绿色的贴片发光二极管。发射数据时红灯常亮，数据结束后红灯熄灭；收到数据时绿灯常亮，接收完成后绿灯熄灭。

（4）关于模块的数据传输。KYL-610 系列产品提供透明的数据传输接口，可支持用户的各种应用和协议，实现点对点，点对多点透明传输。KYL-610 内部提供 150B 的内存，因此，每帧至少可传输 150B，同时采用 FIFO（先进先出）的数据传输方式，可满足用户一次性传输大数据包（无限长）的要求。

2）KYL-610 无线数传调试软件的使用

当把一块 KYL-610 无线传输模块（用 TTL 接口电平）接到单片机的 RXD 与 TXD；再用一块 KYL-610 无线传输模块（用 RS-232 接口电平）接至个人计算机的 RS-232 口时，原来的串口通信程序不需做任何修改，就做到了单片机与上位机之间的无线通信。

上位机采集到的数据这次就不用串口调试助手来处理了，而是采用 KYL-610 无线数传调试软件来处理。KYL-610 无线数传调试软件与串口调试助手的使用比较相似。打开该软件后，就看到如图 4-2-10 所示的界面。

首先，把 KYL-610 模块外接的 RS-232 插座与个人计算机的 RS-232 插头相连，连好后再给 KYL-610 模块通上+5V 电压。单击"电台"菜单，选择"打开串口"或单击第 2 栏的第 3 个快捷图标 ，将出现串口选通与配置对话框，如图 4-2-11 所示，选择适合的端口号，如 COM 口选择正确则说明本软件已与 RS-232 物理口接通；选择错误则会弹出"打开通信口错误！"警告信息，确认后再重选。如要关闭串口，则单击"电台"菜单，选择"关闭串口"或单击快捷图标 。同时，可以在该对话框内对串口传输数据的波特率、检验位、数据位、停止位进行设置，这点与串口调试助手一样。

图4-2-10　KYL-610无线数传模块调试软件

单击"文件"菜单选择"读电台"或直接单击快捷图标 ，则自动搜索无线模块，如搜索到无线模块，则将在"电台型号"下面的空白框内显示模块的型号"KYL-610"，这说明无线传输模块与本调试软件对接成功。

下面就是设置电台参数了。信道号选"NO1"，空中速率自动配置，串口模式与下面的校验形式的选择与通信程序的设定一致即可，如图 4-2-12 所示。

图4-2-11　串口选通与配置　　　　　　　　图4-2-12　电台参数选择

数据接收与数据发送的操作与串口调试助手一样,在此就不再赘述了。

三、任务实施

1. 程序设计

根据原理图编写程序并在 Keil C 中编译。

程序如下:

```
/------------------------模拟远程抄表程序--------------------------/
/-------P1 口:A/D 数据接收;P0 口:显示段码;P2 口:数码管扫描------/
#include<at89x51.h>
#include<intrins.h>
#define uchar unsigned char
#define uint   unsigned int
#define   adc_eoc P3_5          //P3.5 接 ADC0809 的 EOC
#define   adc_ale  P3_6         //P3.6 接 ADC0809 的 ALE,ALE 与 START 相连
#define   adc_oe  P3_7          //P3.7 接 ADC0809 的 OE 端
// 4 位共阳数码管的段码
uchar code dm[]={0xc0,0xf9,0xa4,0xb0,0x99,0x92,0x82,0xf8,0x80,0x90};
//扫描选通码
uchar code sm[]={0xfe,0xfd,0xfb,0xf7};
//收到的模拟用电量按位分离后从低位到高位临时存放的缓冲区
uchar sz[]={0,0,0,0};
uchar   adc_data;              //接收到的模拟用电量存放在此变量中
//------------------------延时子程序------------------------
void ys(uint x)
{
    uchar i;
    while(x--)
    for(i=0;i<120;i++);
}

//------------------------收到的信息按位分离--------------------------
 void bh(uchar m)
{ sz[3]=m/1000;              //取出千位数
 sz[2]=(m/100)%10;           //取出百位数
  sz[1]=(m%100)/10;          //取出十位数
  sz[0]=m%10;                //取出个位数
 }
//--------------------------显示子程序----------------------------
 void disp(uchar s)
{ P2=sm[s];                  //扫描码送 P2 口
  P0=dm[sz[s]];              //取出段码送 P0 口显示
  ys(1);                     //扫描延时 1ms
}
//------------------------A/D 转换子程序----------------------------
```

```c
uchar addc()
{ uchar k;
  adc_ale=0;                    //发开始转换命令,ALE 与 START 一个上跳沿
  adc_ale=1;
  adc_ale=0;
  while(!adc_eoc);              //等待 A/D 转换完成
  adc_oe=1;                     //允许输出转换值
  k=P1;                         //转换值送 K 保存
  adc_oe=0;                     //恢复 OE
  return k;                     //返回转换值
}
//----------------置一个调用显示次数的子程序作延时用--------------------
adxs( uchar cs)
{
  uchar i;
  while(cs--)                   //传递的次数
  {
    for(i=0;i<4;i++)            //调用 4 次显示子程序
      disp(i);
  }
}
//------------------------向串口发送字符子程序------------------------
void send_charport(uchar c)
{
  SBUF=c;                       //要发送的字符送串口缓冲区
  while(TI==0);                 //等待发送完成
  TI=0;                         //发送完成后恢复 TI 以备下次发送
}


//------------------------向串口发送字符串子程序------------------------
void send_stringport(uchar *s)
{
  while(*s!='\0')               //不断发送,直至遇到字符串的结束符为止
  {
    send_charport(*s);          //将字符串对应的字符按顺序发送出去
    s++;                        //按顺序找到下一个字符
    adxs(2);                    //调用显示做延时
  }
}
//-----------------------------初始化子程序-----------------------------
void init( )
{
  P0=P1=P2=P3=0xff;             //三个口初始化
  SCON=0x40;                    //串口工作在方式 1（010010000）
  TMOD=0x20;                    //T1 工作在模式 2,8 位自动装载初值
  PCON=0x00;                    //波特率不加倍
```

```
    TL1=0xfd;
    TH1=0xfd;                    //波特率为 9600
    TI=0;                        //发送中断标志清"0"
    TR1=1;                       //启动 T1
  adxs(40);                      //调用显示做延时
//发送字符串"正在接收用电量(千瓦时)并换行"
  send_stringport("Receiving kilowatt-hour meter\r\n");
  adxs(10);                      //调用显示做延时
}
//-------------------------------主程序-------------------------------
void main( )
{
  init( );                       //初始化操作
  while(1)
    {
    adc_data=addc();             //保存 A/D 转换后传递过来的值
    bh(adc_data);                //将采集到的值按位分离
    send_charport(sz[3]+'0');    //将分离的值按位通过串口发送出去
    adxs(20);
    send_charport(sz[2]+'0');
    adxs(20);
    send_charport(sz[1]+'0');
    adxs(20);
    send_charport(sz[0]+'0');
    adxs(20);
    send_charport('K');          //发送数值单位 kW·h
    adxs(20);
    send_charport('w');
    adxs(20);
    send_charport('h');
    adxs(20);
    send_stringport("\r\n----------\r\n");
    adxs(20);
    }
}
```

2. 编译与仿真

将上述源程序在 Keil C 中编译并生成 HEX 文件，在 Proteus 中作原理图仿真。在作 Proteus 仿真时须注意以下几个关键点，这是仿真成功与否的关键。

第一是电路画好后，模拟烧录程序时对单片机元件双击出现的对话框中，一定要将"Clock Frequency"的数值设置为 11.0592MHz，如图 4-2-13 所示。

第二是 ADC0809 的 CLOCK 端接外加的信号源，选择"DCLOCK"类型。连接好后双击，将"Frequncy(Hz)"栏输入 500k 作为 ADC0809 的时钟，如图 4-2-14 所示。

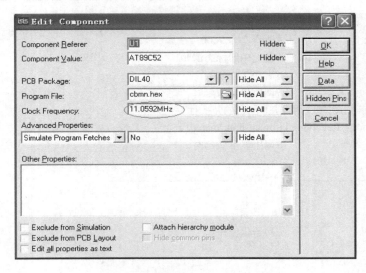

图4-2-13　晶振选择11.0592MHz

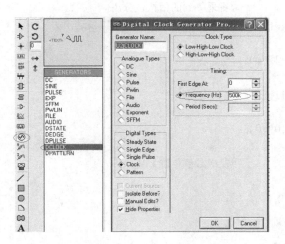

图4-2-14　ADC0809的CLOCK端外加时钟信号

　　第三是串行口输出的字符要传送给上位机，这里用 Proteus 内置的虚拟终端（VIRTUAL TERMINAL）的 RXD 端与单片机的 TXD 引脚相连、虚拟终端的 RTS 端与 OTS 端相连。双击这个虚拟仪器，在出现的对话框中设置的一些参数要求与程序中的一致。具体可以参照图 4-2-15 与图 4-2-16 来操作。

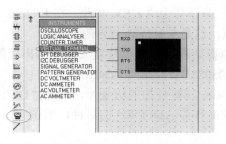

图4-2-15　Proteus内置的虚拟终端

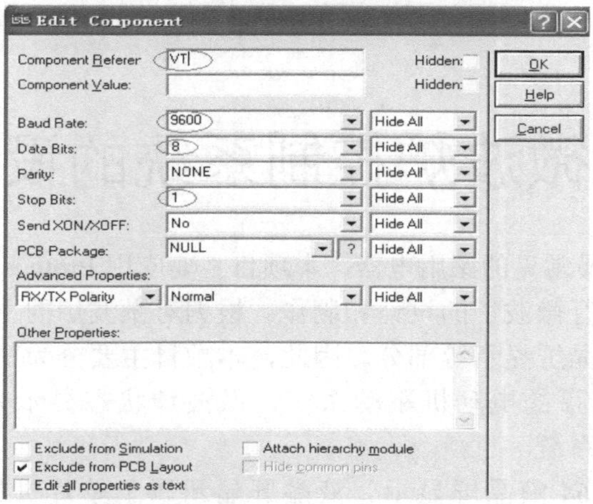

图4-2-16 虚拟终端的参数设置

最后的仿真运行结果如图 4-2-17 所示。

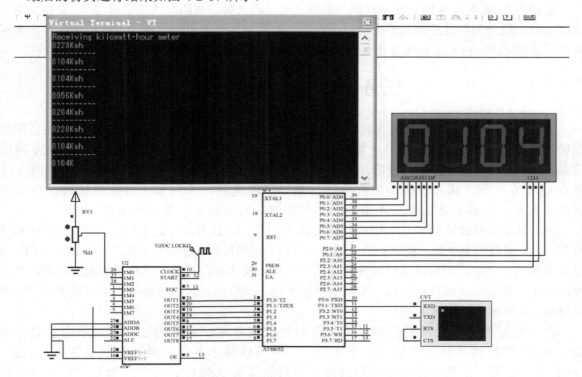

图4-2-17 模拟抄表程序的仿真结果

项目五 微波炉控制系统的设计与制作

微波炉是日常生活中最常见的家用电器，本项目主要应用 Proteus 和 Keil 软件构建一套虚拟的微波炉控制系统，并进行微波炉的设计和制作。根据对微波炉的主要功能分析，主要包括按键控制、电动机旋转、液晶屏显示等部分。因此，本项目主要分为三大模块：微波炉操作系统 4×4 行列键盘、微波炉转盘的电动机驱动系统、微波炉状态显示系统。

1）微波炉状态显示系统

显示系统可采用 12864 液晶屏显示。液晶屏显示属于单片机的输出外设，在生产和生活中用途广泛，但同时也是学习的重点和难点。

2）电动机驱动系统和 4×4 行列键盘

电动机驱动系统可用直流电动机或者步进电动机代替。直流电动机采用 24V 直流供电，由继电器的吸合和释放控制直流电动机是否通电来实现。步进电动机通过设定控制脉冲来实现转速和精确定位。4×4 行列键盘的使用，请参考相关章节，本章不再进行深入讲解。

任务一 12864 液晶显示

液晶是一种高分子材料，因为其特殊的物理、化学、光学特性，20 世纪中叶开始广泛应用在轻薄型的显示技术上。液晶显示器 （Liquid Crystal Display，LCD） 的主要原理是利用液晶的电光效应把电信号转换成字符、图像等可见信号，并配合背部灯管构成画面。液晶在正常情况下，其分子排列很有秩序，显得清澈透明，一旦加上直流电场后，分子的排列被打乱，一部分液晶变得不透明，颜色加深，因而能显示数字和图像。

液晶显示器根据显示方式分为段位式 LCD、字符式 LCD 和点阵式 LCD。段位式 LCD 和字符式 LCD 只能用于字符和数字的简单显示，不能满足图形和汉字的显示要求。点阵式 LCD 可以显示字符、数字，还可以显示各种图形、曲线预计汉字等，其原理是利用液晶的物理特性，通过电压对其显示区域进行控制，高电平显示黑色，相应的点阵组成显示的字符或者汉字，以及组成一幅图形或曲线等。

各种型号的液晶通常是按照显示字符的行数或者液晶点阵的行、列数来命名的。例如，1602 的意思是每行显示 16 个字符，一共可以显示两行；类似的命名还有 0802、1601 等，这类液晶通常都是字符型液晶，即只能显示 ASCII 码字符，如数字、大小写字母、各种符号等。12864 液晶属于图形型液晶，意思是液晶由 128 列、64 行组成，即可以控制 128×64 个点来显示或者不显示，实现图形的显现。

液晶体积小、功耗低、显示操作简单，但使用温度范围较窄，通用型液晶的正常工作温度为 0～+55℃，存储温度范围为-20～+60℃,即使是宽温级液晶，其正常工作温度范围也仅为-20～+70℃，存储温度范围为-30～+80℃，因此，在设计相应电子产品时，要考虑周全，选取合适的液晶。

12864 是一种图形点阵液晶显示器,它主要由行驱动器/列驱动器及 128×64 全点阵液晶显示器组成。可完成图形显示，也可以显示 8×4 个（16×16 点阵）汉字。

一、任务分析

本任务在 Proteus 软件上仿真显示字符串"江苏联合职业技术学院",这里要使用 AMPIRE128×64 模块,那么该模块如何使用?具体有哪些指令?如何读/写数据呢?

二、任务准备

(一)12864 基本知识

本教材采用的是 Proteus 仿真库自有的液晶显示模块 AMPIRE128×64,该模块采用 KS0108 驱动控制器,为 8192 像素的单色 LCD,屏幕分为两半控制,控制引脚为 CS1 和 CS2,数据通过移位寄存器输入。常用的 12864 接口引脚说明见表 5-1-1。

表 5-1-1   12864 常用接口引脚说明

引 脚 号	引 脚 名 称	引脚功能描述
1	V_{ss}	电源地(0V)
2	VDD	电源电压(+5V)
3	VO	液晶显示器驱动电压
4	D/I	数据/指令选择:D/I="H",表示 DB7~DB0 为显示数据; D/I="L",表示 DB7~DB0 为显示指令数据
5	R/W	读/写选择:R/W="H",E="H" 数据被读到 DB7~DB0 R/W="L",E="H→L" 数据被写到 IR 或 DR
6	E	读/写使能:R/W="H",E="H" DDRAM 数据读到 DB7~DB0; R/W="L",E 信号下降沿锁存 DB7~DB0
7~14	DB0~DB7	MCU 与液晶模块之间数据传送通道
15	CS1	H:选择芯片(右半屏)信号
16	CS2	H:选择芯片(左半屏)信号
17	RET	复位信号,低电平复位
18	VEE	输出-10V 的背光电源,给 V0 提供驱动电源
19	BLA	背光电源正端(+5V)
20	BLK	背光电源负端(0V)

基本操作时序:

写指令:E=下降沿,RS=L,RW=L,D0~D7=指令码。

读数据:E=H,RS=H,RW=H,数据从 D0~D7 得到。

写数据:E=下降沿,RS=H,RW=L,D0~D7=数据。

12864 类液晶显示模块的指令系统比较简单,总共只有 7 种。

1. 显示开关控制

R/W	D/I	DB7	DB6	DB5	DB4	DB3	DB2	DB1	DB0
0	0	0	0	1	1	1	1	1	D

D=1:开显示,D=0:关显示。

2. 显示起始行设置

R/W	D/I	DB7	DB6	DB5	DB4	DB3	DB2	DB1	DB0
0	0	1	1	A5	A4	A3	A2	A1	A0

该指令中 A5～A0 为显示起始行的地址，取值在 0～3FH（1～64 行）范围内，它规定了显示屏起始行所对应的显示存储器的行地址。通过修改显示起始行寄存器的内容，可以实现显示屏内容向上或向下滚动。

3. 页地址设置

R/W	D/I	DB7	DB6	DB5	DB4	DB3	DB2	DB1	DB0
0	0	1	0	1	1	1	A2	A1	A0

页地址是指 DDRAM 的行地址，8 行为一页，模块共 64 行，即 8 页，A2～A0 表示 0～7 页，读/写数据对地址没有影响。RST 信号复位后页地址为 0。

4. 列地址设置

R/W	D/I	DB7	DB6	DB5	DB4	DB3	DB2	DB1	DB0
0	0	0	1	A5	A4	A3	A2	A1	A0

此指令的作用是将 A5～A0 送入列地址计数器，作为 DDRAM 的列地址指针。在对 DDRAM 进行读/写操作后，列地址指针自动加 1，指向下一个 DDRAM 单元。

页面地址的设置和列地址的设置将显示存储器单元唯一的确定下来，为后续显示数据的读/写做了地址的选通。DDRAM 地址映像表见表 5-1-2。

表 5-1-2　DDRAM 地址映像表

Y=	CS1=0					CS2=0					行号
	0	1	...	62	63	0	1	...	62	63	
X=0～7	DB0～DB7	DB0～DB7	DB0～DB7	DB0～DB7	DB0～DB7	DB0～DB7	DB0～DB7	DB0～DB7	DB0～DB7	DB0～DB7	0～7
	DB0～DB7	DB0～DB7	DB0～DB7	DB0～DB7	DB0～DB7	DB0～DB7	DB0～DB7	DB0～DB7	DB0～DB7	DB0～DB7	8～15
	DB0～DB7	DB0～DB7	DB0～DB7	DB0～DB7	DB0～DB7	DB0～DB7	DB0～DB7	DB0～DB7	DB0～DB7	DB0～DB7	...
	DB0～DB7	DB0～DB7	DB0～DB7	DB0～DB7	DB0～DB7	DB0～DB7	DB0～DB7	DB0～DB7	DB0～DB7	DB0～DB7	48～55
	DB0～DB7	DB0～DB7	DB0～DB7	DB0～DB7	DB0～DB7	DB0～DB7	DB0～DB7	DB0～DB7	DB0～DB7	DB0～DB7	56～63

5. 读状态

R/W	D/I	DB7	DB6	DB5	DB4	DB3	DB2	DB1	DB0
1	0	BF	0	ON/OFF	RST	0	0	0	0

当 R/W=1，D/I=0 时，在 E 信号为 H 的作用下，状态数据分别输出到数据总线（DB7～DB0）的相应位。

（1）BF：判忙信号标志位。BF=1，表示液晶屏正在处理 MCU 发过来的指令或者数据，此时接口电路被挂起，不能接受除读状态字以外的任何操作。BF=0，表示液晶屏接口控制电路处于空闲状态，可以接受外部数据和指令。

（2）ON/OFF：显示状态标志位。ON/OFF=1，表示关显示状态；ON/OFF=0，表示开显示状态。

（3）RST：复位标志位。RST=1，表示内部正在初始化，此时液晶屏不能接受任何指令和数据；RST=0，表示处于正常工作状态。

6. 写数据

R/W	D/I	DB7	DB6	DB5	DB4	DB3	DB2	DB1	DB0
0	1	D7	D6	D5	D4	D3	D2	D1	D0

D7～D0 为显示数据，此指令把 D7～D0 写入对应的 DDRAM 单元，列地址指针自动加 1。

7. 读数据

R/W	D/I	DB7	DB6	DB5	DB4	DB3	DB2	DB1	DB0
1	1	D7	D6	D5	D4	D3	D2	D1	D0

此指令把 DDRAM 的内容 D7～D0 读到数据总线 DB7～DB0，列地址指针自动加 1。

（二）液晶屏常用程序

1. 屏指令写入

屏幕的指令写入要先判别是写入到左右哪一个屏幕，在写入指令之前还要进行液晶显示屏"忙"判断，然后才能根据操作时序把指令写入。

```
/*****************************
*  屏指令写入    ppcode:写入代码*
*       r=0,l=1,左;r=1,l=0,右;    *
*****************************/
void pcode(unsigned char ppcode,r,l)
{  uchar i;
    i=r;
    if(i= =0x01){csb=1;}      /*左，右屏输入 */
    else{csb=0;}
    i=l;
    if(i= =0x01){ csa=1;}
    else{csa=0;}
    id=0;
    rw=1;
    do{ P2=0x00;              /*液晶显示屏"忙"判断 */
        e=1;
        i=P2;
        e=0;}while(i&0x80= =0x80);
    _nop_();
    rw=0;
    P2=ppcode;            /*代码写入 */
    e=1;
    e=0;
}
```

2. 屏数据写入

屏数据写入和屏指令写入类似，只不过操作时序不同。

```c
/******************************
* 屏数据写入      ddata：写入数据*
*      r=0,l=1,左;r=1,l=0,右;    *
******************************/
void wdata(uchar ddata,r,l)
{ uchar i;
    if(r= =0x0001){ csb=1;}        /*左右屏输入 */
    else{csb=0;}
    if(l= =0x0001){csa=1;}
    else{csa=0;}
    id=0;
    rw=1;
    do{ P2=0x00;                   /*液晶显示屏"忙"判断 */
        e=1;
        i=P2;
        e=0;}while(i&0x80= =0x80);
          _nop_();
        id=1;
        rw=0;
        P2=ddata;                  /*代码写入 */
        e=1;
        e=0;
}
```

3. 屏初始化

屏初始化要打开显示开关。

```c
/******************************
* 屏初始化                     *
******************************/
void cshxsp()
{pcode(0x3f,0x01,0x00);
 pcode(0x3f,0x00,0x01);
 pcode(0xc0,0x01,0x00);
 pcode(0xc0,0x00,0x01);
}
```

4. 屏寻址

屏寻址是要确定写入数据的具体位置。

```c
/******************************
* 屏寻址                       *
******************************/
void dz(uchar address1,address2, r,l)
{pcode(address1,r,l);
 pcode(address2,r,l);
}
```

5. 清屏

分别取 8 行首地址，本屏左右屏第一列列地址为 0x40 ,每加一列加 1；第一行行地址为 0xB8，每加一列加 1。左右屏每行分别从第一列开始写入代码 0X00，即不显示任何内容，完成清屏。

```
/*****************************
* 清屏                       *
*****************************/
void clear()
{
uchar i,j,m;
for(j=0;j<8;j++)
    {
            m=j|0xb8;
            dz(m,0x40,0x01,0x00);
            dz(m,0x40,0x00,0x01);
            for(i=0;i<64;i++)
                {
                        wdata(0x00,0x01,0x00);
                        wdata(0x00,0x00,0x01);
                }
    }
}
```

6. 数字显示 8*8

8*8 的数字显示，字符字模内容共 8 组，第 N 个字符代码从 8*N 开始，8*8 代码显示中为 8*N 是应为代码从数字 0 开始。该字模显示可用绘图法，用软件生成，常见的 8*8 显示字模在案例中已给出。

```
/*****************************
* 数字显示 8*8                *
*****************************/
void szxs(uchar address1,address2, r,l,n)
{uchar i;
 uint  bz;
 bz=0x0008*(n);
 dz(address1,address2, r,l);        /*寻址*/
 for(i=0;i<8;i++)
     {wdata(hzdot[bz+i],r,l);}   /*写入 8 组代码*/
}
```

7. 文字显示 16*16

16*16 字符字模内容共 32 组，第 N 个字符代码从 0X20*（N-1）开始，可用数组来装载字模。

```
/*****************************
* 文字显示 16*16              *
*****************************/
```

```
void wzxs(uchar address1,address2, r,l,n)
{uchar i;
 uint    bz;
 bz=0x0020*(n-1);
 dz(address1,address2, r,l);
 for(i=0;i<16;i++)
     {wdata(wzdot[bz+i],r,l);}
 dz(address1+1,address2, r,l);
 for(i=0;i<16;i++)
     {wdata(wzdot[bz+0x0010+i],r,l);}
}
```

三、任务实施

Proteus 软件中自带的液晶显示模块 AMPIRE128X64，该模块采用 KS0108 驱动控制器。该 12864 液晶屏显示电路图如图 5-1-1 所示。

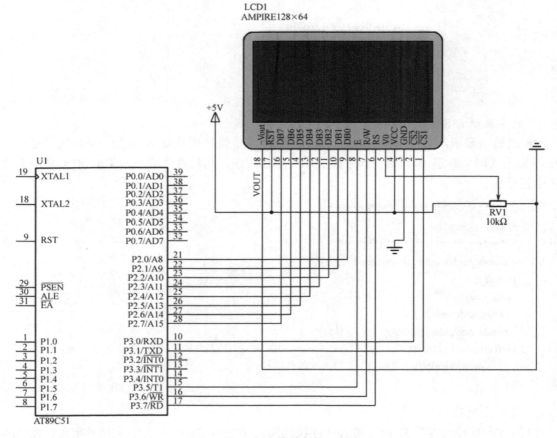

图 5-1-1   12864 液晶屏显示电路图

1. 参考源程序

1）12864.c 文件

```c
#include <at89x52.h>
#include <intrins.h>
#define high 1
#define low 0
#define false 0
#define true ~false
#define uchar unsigned char
#define uint unsigned int
#include "12864.h"
sbit   csa=P3^1;
sbit   csb=P3^0;
sbit   id=P3^7;
sbit   rw=P3^6;
sbit   e=P3^5;
void pcode(uchar ppcode,r,l)//写命令
{   uchar i;
        i=r;
            if(i= =0x01){csb=1;}
            else{csb=0;}
        i=l;
            if(i= =0x01){csa=1;}
            else{csa=0;}
    id=0;
    rw=1;
      do{          /*液晶显示屏判忙 */
            P2=0x00;
            e=1;
            i=P2;
            e=0;
            }while(i&0x80= =0x80);
        _nop_();
        rw=0;
        P2=ppcode;
        e=1;
        e=0;
}
void wdata(uchar ddata,r,l)//写数据
{   uchar i;
    if(r= =0x01){csb=1;}
    else{csb=0;}
    if(l= =0x01){csa=1;}
    else{csa=0;}
    id=0;
```

```
        rw=1;
        do{ P2=0x00;
            e=1;
            i=P2;
            e=0;}while(i&0x80= =0x80);
                _nop_();
            id=1;
            rw=0;

            P2=ddata;
            e=1;
            e=0;
}
void cshxsp()//初始化
{
        pcode(0x3f,0x01,0x00);
        pcode(0x3f,0x00,0x01);
        pcode(0xc0,0x01,0x00);
        pcode(0xc0,0x00,0x01);
}
void dz(uchar address1,address2, r,l)//写地址
{
        pcode(address1,r,l);
        pcode(address2,r,l);
}
void clear()//清屏
{
uchar i,j,m;
for(j=0;j<8;j++)
        {/*分别取 8 行首地址,
            本屏左右屏第一列列地址为 0x40,每加一列加 1*/
            m=j|0xb8;/*分别取 8 行首地址,
            本屏左右屏第一行行地址为 0xB8,每加一列加 1*/
            dz(m,0x40,0x01,0x00);
            dz(m,0x40,0x00,0x01);
            for(i=0;i<64;i++)
                {/*左右屏每行分别从第一列开
                始写入代码 0X00,即不显示任何内容,完成清屏*/
                    wdata(0x00,0x01,0x00);
                    wdata(0x00,0x00,0x01);
                }
        }
}
void wzxs(uchar address1,address2, r,l,n)//文字显示
{
        uchar i;
```

```c
    uint    bz;
    bz=0x0020*(n-1);/*16*16 字符字模内容共 32 组,
                第 N 个字符代码从 0X20*（N-1）开始*/
    dz(address1,address2, r,l);
    for(i=0;i<16;i++)
    {
        wdata(wzdot[bz+i],r,l);
    }
    dz(address1+1,address2, r,l);
    for(i=0;i<16;i++)
    {
        wdata(wzdot[bz+0x0010+i],r,l);
    }
}
void xshm()//江苏联合职业技术学院
{
    wzxs(0xb9,0x40,0x01,0x00,1);
    wzxs(0xb9,0x50,0x01,0x00,2);
    wzxs(0xb9,0x60,0x01,0x00,3);
    wzxs(0xb9,0x70,0x01,0x00,4);

    wzxs(0xbb,0x60,0x01,0x00,5);
    wzxs(0xbb,0x70,0x01,0x00,6);
    wzxs(0xbb,0x40,0x00,0x01,7);
    wzxs(0xbb,0x50,0x00,0x01,8);
    wzxs(0xbb,0x60,0x00,0x01,9);
    wzxs(0xbb,0x70,0x00,0x01,10);
}
void main()
{
    cshxsp();//初始化
    clear();//清屏
        while(1)
            {
                xshm();
            }
}
```

2）12864.h 文件

```c
unsigned char code wzdot[] = {
0x10,0x60,0x01,0xC6,0x30,0x00,0x04,0x04,0x04,0xFC,0x04,0x04,0x04,0x04,0x00,0x00,
0x04,0x04,0x7E,0x01,0x20,0x20,0x20,0x20,0x20,0x3F,0x20,0x20,0x20,0x20,0x20,0x00,
0x04,0x04,0x44,0x44,0x44,0x5F,0x44,0xF4,0x44,0x5F,0x44,0xC4,0x04,0x04,0x04,0x00,
0x00,0x40,0x4C,0x27,0x10,0x0C,0x07,0x01,0x20,0x40,0x40,0x3F,0x00,0x02,0x0C,0x00,
0x02,0xFE,0x92,0x92,0x92,0xFE,0x12,0x11,0x12,0x1C,0xF0,0x18,0x17,0x12,0x10,0x00,
0x08,0x1F,0x08,0x08,0x04,0xFF,0x05,0x81,0x41,0x31,0x0F,0x11,0x21,0xC1,0x41,0x00,
```

```
0x40,0x40,0x20,0x50,0x48,0x44,0x42,0x41,0x42,0x44,0x68,0x50,0x30,0x60,0x20,0x00,
0x00,0x00,0x00,0x7E,0x22,0x22,0x22,0x22,0x22,0x22,0x22,0x7E,0x00,0x00,0x00,0x00,
0x02,0x02,0xFE,0x92,0x92,0xFE,0x02,0x00,0xFE,0x82,0x82,0x82,0x82,0xFE,0x00,0x00,
0x10,0x10,0x0F,0x08,0x08,0xFF,0x04,0x44,0x21,0x1C,0x08,0x00,0x04,0x09,0x30,0x00,
0x00,0x10,0x60,0x80,0x00,0xFF,0x00,0x00,0x00,0xFF,0x00,0x80,0x60,0x38,0x10,0x00,
0x20,0x20,0x20,0x23,0x21,0x3F,0x20,0x20,0x20,0x3F,0x22,0x21,0x20,0x30,0x20,0x00,
0x08,0x08,0x88,0xFF,0x48,0x28,0x00,0xC8,0x48,0x48,0x7F,0x48,0xC8,0x48,0x08,0x00,
0x01,0x41,0x80,0x7F,0x00,0x40,0x40,0x20,0x13,0x0C,0x0C,0x12,0x21,0x60,0x20,0x00,
0x10,0x10,0x10,0x10,0x10,0x90,0x50,0xFF,0x50,0x90,0x12,0x14,0x10,0x10,0x10,0x00,
0x10,0x10,0x08,0x04,0x02,0x01,0x00,0x7F,0x00,0x00,0x01,0x06,0x0C,0x18,0x08,0x00,
0x40,0x30,0x10,0x12,0x5C,0x54,0x50,0x51,0x5E,0xD4,0x50,0x18,0x57,0x32,0x10,0x00,
0x00,0x02,0x02,0x02,0x02,0x02,0x42,0x82,0x7F,0x02,0x02,0x02,0x02,0x02,0x02,0x00,
0xFE,0x02,0x32,0x4A,0x86,0x0C,0x24,0x24,0x25,0x26,0x24,0x24,0x24,0x0C,0x04,0x00,
0xFF,0x00,0x02,0x04,0x83,0x41,0x31,0x0F,0x01,0x01,0x7F,0x81,0x81,0x81,0xF1,0x00,
/*江苏联合职业技术学院*/
};
```

2. 仿真

经 Keil 软件编译通过后，可利用 Proteus 软件进行仿真。在 Proteus ISIS 编辑环境中绘制仿真电路图，如图 5-1-1 所示，并将编译好的“.hex”文件载入 AT89C51。启动仿真，即可看到从液晶屏幕上显示汉字“江苏联合职业技术学院”，其仿真效果如图 5-1-2 所示。

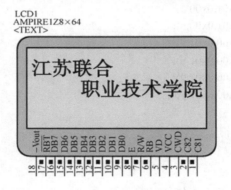

图 5-1-2　12864 液晶屏显示仿真效果图

任务二　电动机控制

一、任务分析

电动机在单片机控制中是一种常用的设备，主要分为直流电动机和步进电动机两种，本次任务主要实现用单片机控制实现直流电动机正/反转可控和用单片机控制实现步进电动机正/反转可控。

二、任务准备

（一）电机基本知识

1. 直流电动机基本知识

直流电动机简称电机，是使电能与机械能互相转换的机械，直流电机把直流电能变为机械能。作为机电执行元部件，直流电机内部有一个闭合的主磁路。主磁通在主磁路中流动，同时与两个电路交联，其中一个电路是用于产生磁通的，称为激磁电路；另一个电路是用来传递功率的，称为功率回路或电枢回路。现行的直流电机都是旋转电枢式，也就是说，激磁绕组及其所包围的铁芯组成的磁极为定子，带换向的电枢绕组和电枢铁芯结合构成直流电机的转子。

用单片机控制直流电机时，需要加驱动电路，为直流电机提供足够大的驱动电流。使用不同的直流电机，其驱动电流也不同。要根据实际需要选择合适的驱动电路，通常由以下几种驱动电路：三极管电流放大驱动电路、电机专用驱动模块和达林顿驱动器等。如果是驱动单个单片机，并且电机的驱动电流不大时，可选用三极管搭建驱动电路，但较麻烦。如果电机所需的驱动电流较大，可直接选用市场上现成的电机专用驱动模块，这种模块接口简单，操作方便，并可为电机提供较大的驱动电流，但价格较高。如果是学习电机原理即电路驱动原理使用，可选用达林顿驱动器，它实际上是一个集成芯片，单块芯片同时可驱动 8 个电机，每个电机由单片机的一个 I/O 口控制，当需要调节直流电机转速时，使单片机的相应 I/O 口输出不同占空比的 PWM 波形即可。

PWM 是英文 Pulse Width Modulation（脉冲宽度调制）的缩写，它是按一定规律改变脉冲序列的脉冲信号，以调节输出量和波形的一种调制方式，在控制系统中最常用的是矩形波 PWM 信号，在控制时需要调节 PWM 波的占空比。如图 5-2-1 所示，占空比是指高电平持续时间在一个周期时间内的百分比。控制电机的转速时，占空比越大，速度越快，如果全为高电平，占空比为 100%，速度达到最快。

当用单片机 I/O 口输出 PWM 信号时，可采用以下三种方法：

（1）利用软件延时。当高电平延时时间到时，对 I/O 口电平取反变成低电平，然后再延时；当低电平延时时间到时，再对该 I/O 口电平取反，如此循环就可得到 PWM 信号。

（2）利用定时器。控制方法同上，只是在这里利用单片机的定时器来定时进行高、低电平的翻转，而不是软件延时。

（3）利用单片机自带的 PWM 控制器。STC12 系列单片机自身带有 PWM 控制器，其他型号的很多单片机也带有 PWM 控制器，如 PIC 单片机、AVR 单片机。

2. 电动机正/反转的控制实施方法

直流电动机正/反转的控制关键在于控制电路的搭建，这里选用三极管电流放大驱动电路，其电路图如图 5-2-1 所示。

其基本原理如下：

当 A 点为低电平时，Q3、Q7 截止，Q1、Q2 导通，电动机左端呈现高电平；当 B 点为高电平时，Q4、Q5 截止，Q6、Q8 导通，电动机右端呈现低电平，因此，在 A 为 0，B 为 1 时，电动机正转。反之，当 A 点为高电平时，Q3、Q7 导通，Q1、Q2 截止，电动机左端呈现低电平。

当 B 点为低电平时，Q4、Q5 导通，Q6、Q8 截止，电动机右端呈现低高平，因此，在 A 为

1，B 为 0 时，电动机反正转。当 A、B 点同时为低电平时，电动机两端均为高电平，电动机停止转动，同样，当 A 点和 B 点同时为高电平时，电动机两端均为低电平，电动机停止转动。

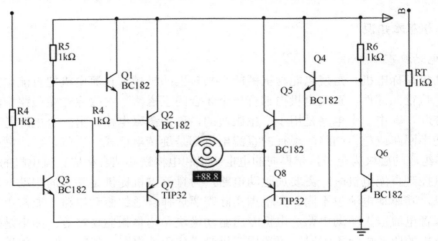

图 5-2-1　直流电动机正/反转控制电路图

（二）步进电动机基本知识

步进电机是一种将电脉冲转换成角位移或线位移的电磁机械装置。它具有快速启、停能力，在电机的负荷不超过它能提供的动态转矩时，可以通过输入脉冲来控制它在一瞬间的启动或停止。步进电机的步距角和转速只和输入的脉冲频率有关，和环境温度、气压、振动无关，也不受电网电压的波动和负载变化的影响。因此，步进电动机多应用在需要精确定位的场合。现在比较常用的步进电机包括反应式步进电动机（VR）、永磁式步进电动机（PM）、混合式步进电动机（HB）和单相式步进电动机等。

步进电动机是将电脉冲信号转变为角位移或者线位移的开环控制元件。在非超载的情况下，电机的转速、停止的位置只取决于控制脉冲信号的频率和脉冲数。脉冲数越多，电动机转动的角度越大。脉冲的频率越高，电动机转速越快，但不能超过最高频率，否则电动机的力矩迅速减小，电机不转。

步进电动机的工作原理实际上是电磁铁的作用原理。当某相定子励磁后，它吸引转子，转子的齿与该相定子磁极上的齿对齐，转子转动一个角度，换一相得电时，转子又转动一个角度。如此每相不停地轮流通电，转子不停地转动。

（三）步进电动机正/反转的控制实施方法

步进电动机正/反转的控制我们选用达林顿驱动器 ULN2003A，本例采用的是六线四相制步进电动机，其中，四条驱动线通过 ULN2003A 与单片机 P1.0～P1.3 相连，1C、2C、3C、3C 分别连接的是步进电动机的 A、B、C、D 相。本例采用的是 4 相步进电动机工作于 8 拍方式，其正转励磁序列为 A→AB→B→BC→C→CD→D→DA，其反转励磁序列为 AD→D→CD→C→BC→B→AB→A。具体电路图如图 5-2-2 所示。

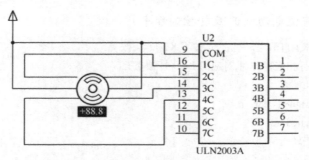

图 5-2-2　步进电动机正/反转控制电路图

三、任务实施

直流电动机采用的是 Proteus 软件中自带的 MOTOR-DC，为了更好地达到仿真的停止效果，需要设置该仿真模型的 Effective Mass 参数小一些，可设置为 0.00001。具体电路图如图 5-2-3 所示。

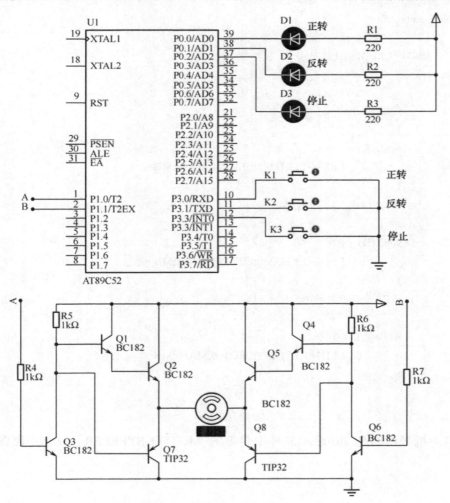

图 5-2-3　直流电动机正/反转控制总图

1. 参考源程序（直流电动机正/反转控制程序）

```c
/*运行时，按下 K1,直流电动机正转,按下 K2 反转,按下
K3 时停止,在进行相应操作时,对应的 LED 灯被点亮*/
#include <reg52.h>
#define uchar unsigned char
#define uint unsigned int
sbit K1=P3^0;//正转
sbit K2=P3^1;//反转
sbit K3=P3^2;//停止
sbit LED1=P0^0;
sbit LED2=P0^1;
sbit LED3=P0^2;
sbit MA=P1^0;
sbit MB=P1^1;
void main(void)
{
     LED1=1;LED2=1;LED3=0;
while(1)
    {
        if(K1= =0)        //正转
        {
        while(K1= =0);
               LED1=0;LED2=1;LED3=1;MA=0;MB=1;
        }
        if(K2= =0)        //反转
        {
        while(K1= =0);
               LED1=1;LED2=0;LED3=1;MA=1;MB=0;
        }
        if(K3= =0)        //停止
        {
        while(K3= =0);
               LED1=1;LED2=1;LED3=0;MA=0;MB=0;
        }
    }
}
```

步进电动机采用的是 Proteus 软件中自带的 MOTOR-STEEPER。具体电路图如图 5-2-4 所示。

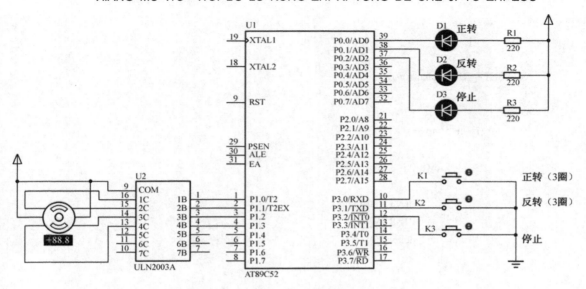

图 5-2-4　步进电动机正/反转控制总图

2. **参考源程序（步进电动机正/反转控制程序）**

```c
#include <reg52.h>
#define uchar unsigned char
#define uint unsigned int
//本例 4 相步进电动机工作于 8 拍方式
//正转励磁序列为 A→AB→B→BC→C→CD→D→DA
uchar code FFW[]={0x01,0x03,0x02,0x06,0x04,0x0c,0x08,0x09};
//反转励磁序列为 AD→D→CD→C→BC→B→AB→A
uchar code REV[]={0x09,0x08,0x0c,0x04,0x06,0x02,0x03,0x01};
sbit K1=P3^0;//正转
sbit K2=P3^1;//反转
sbit K3=P3^2;//停止
void delay(uint x)
{
uchar i;
while(x--)for(i=0;i<120;i++);
}
void SETP_FFW(uchar n)//正转
{
    uchar i,j;
        for (i=0;i<5*n;i++)
        {
            for(j=0;j<8;j++)
            {
                if(K3= =0)break;
                P1=FFW[j];
                delay(25);
```

```
                    }
                }
        }
        void SETP_REV(uchar n)//反转
        {
        uchar i,j;
                for (i=0;i<5*n;i++)
                    {
                            for(j=0;j<8;j++)
                            {
                                    if(K3= =0)break;
                                    P1=REV[j];
                                    delay(25);
                            }
                    }
        }
        void main()
        {
        uchar n=3;
                while(1)
                    {
                    if(K1= =0)
                        {
                                P0=0xfe;
                                SETP_FFW(n);
                                if(K3= =0)break;
                        }
                    else if(K2= =0)
                        {
                                P0=0xfd;
                                SETP_REV(n);
                                if(K3= =0)break;
                        }
                    else
                        {
                                P0=0xfb;
                                P1=0x03;
                        }
                    }
        }
```

3. 仿真

略。

任务三　微波炉控制系统的实现

一、任务分析

微波炉控制系统示意图如图 5-3-1 所示。左侧为物品转盘及转盘电机、门控开关，右侧部分为 显示 、4×4 按键、微波炉加热装置（用 1 个 LED 灯代替）、蜂鸣器。其中：

（1） 显示 部分可用 12864 液晶屏显示。

（2）①～⑨是 10 个数字按键，Ⓜ和Ⓢ是时间分和秒的设置按键，Ⓘ是设置数值的各位与视为的选择按键，Ⓡ、Ⓟ、Ⓣ分别是微波炉的运行按键、暂停按键和停止按键。

（3）转盘电动机可用直流动机或者步进电动机代替。

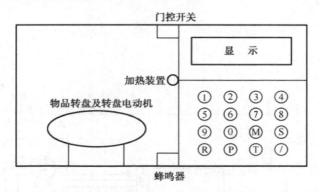

图 5-3-1　微波炉控制系统示意图

根据微波炉装置的描述，微波炉控制系统的控制要求如下。

1. 初始状态

控制系统接通电源后，显示先在第 1 行循环显示出字符串 "欢迎"。当门控开关检测微波炉门被打开，即 "K1" 置 "开" 的位置时，表示微波炉门被打开，这时所有 LED 熄灭，显示第 1 行为 "门开"，此时不能进行任何功能设置。当 "K1" 置 "关" 的位置时，表示微波炉门被关闭，显示第 1 行显示为 "关"（或 "门关"），第 2 行为 "00.00"。

可以进行功能设置。微波炉电动机处于停止状态。

2. 工作过程

1）设定加热时间

时间 "分" 的设定：按下按键Ⓜ后，再按下数字键①～⑨则可设定分的十位；十位确定后，按下 Ⓘ 按键切换到分的个位设定，再按下数字键①～⑨则可设定分的个位，显示显示设定的数值，数字范围是 0～59，如 "时间：12.00"。

时间 "秒" 的设定：按下按键Ⓢ后，再按下数字键①～⑨则可设定秒的十位；十位确定后，按下 Ⓘ 按键切换到秒的个位设定，再按下数字键①～⑨则可设定秒的个位，显示显示设定的数值，数字范围是 0～59，如 "时间：00.34"。

说明，按键Ⓜ和Ⓢ没有先后顺序，即哪一个先按下，哪一个就先设定，并且可以反复交替按下。

2）微波炉工作

当微波炉门关闭，并设定加热时间和火力后，按下按键 ⓡ，微波炉电动机转动，LED 灯点亮表示对盘中物品加热。⬚显示⬚第 2 行上设定的时间开始进行累减 1 的倒计时。

当时间累减到"00.00"时，微波炉电动机停止工作，LED 灯熄灭，⬚显示⬚第 1 行上显示或"停止"，并且报警电路的蜂鸣器发出提示声音。

在加热过程中，按下 ⓟ 按键，则微波炉暂停工作，此时电动机停止工作，LED 灯熄灭，定时时间暂停倒计时，⬚显示⬚第 1 行显示"pause"（或"暂停"）。若再次按下按键 ⓡ，则工作继续进行，直至时间累减到"00.00"状态。

当按下 ⓣ 停止按键，则电动机停止工作，LED 灯熄灭，定时时间清"0"。

说明，在工作的任何状态下，微波炉门被打开，系统都会进入初始状态。

二、任务实施

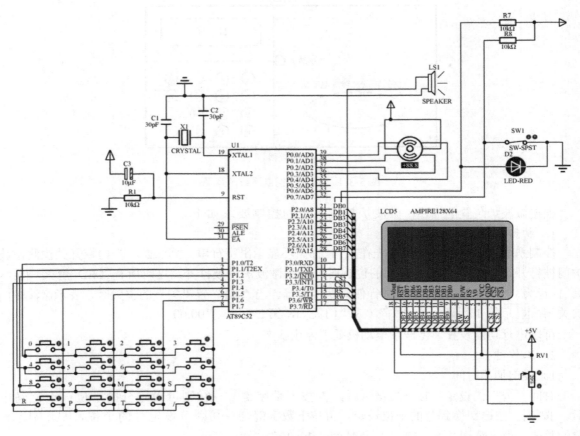

图 5-3-2　微波炉控制系统仿真图

1. 参考源程序

```c
#include <at89x52.h>
#include <intrins.h>
#define high 1
#define low 0
```

```c
#define false 0
#define true ~false
#define uchar unsigned char
#define uint unsigned int
#include "wbl.h"
sbit    csa=P3^4;
sbit    csb=P3^3;
sbit    id=P3^5;
sbit    rw=P3^6;
sbit    e=P3^7;

sbit    SDA=P1^5;
sbit    SCL=P1^4;
sbit    cwjr=P1^6;
sbit    _CS=P2^7;
sbit    CLOCK=P2^4;
sbit    D_IN=P2^5;
sbit    D_OUT=P2^6;
sbit    iout=P3^4;
sbit    jr=P3^1;
sbit    beer=P3^2;
sbit door=P3^0;
sbit p2_4=P2^4;
sbit p2_5=P2^5;
sbit p2_6=P2^6;
sbit p2_7=P2^7;
bit    sample,dlzz;
uchar code zz[]={0x0c,0x06,0x03,0x09};
uchar gate,fen,fen1,fen2,miao,miao1,miao2,xsh[2],fzt,szt,f1,f2,m1,m2;
uchar temp,hang,lie,jsz;
uchar z,key,i1,djzt,beerzt,stop;
uchar sw,yunx;
/*****************************
* 延时子程序,根据所需延时时间  *
* 确定传递参数的值              *
*****************************/
void delay(uint   n)
{
    uint rr ;
    for(rr=0;rr<n;rr++)
        {
          _nop_();
        }
}
/*****************************
* 屏指令写入    ppcode:写入代码*
```

```c
*       r=0,l=1,左;r=1,l=0,右;     *
*****************************/
void pcode(unsigned char ppcode,r,l)
{   uchar i;
    i=r;
    if(i= =0x01){csb=1;}     /*左右屏输入 */
    else{csb=0;}
    i=l;
    if(i= =0x01){ csa=1;}
    else{csa=0;}
    id=0;
    rw=1;
    do{ P2=0x00;              /*液晶显示屏"忙"判断 */
        e=1;
        i=P2;
        e=0;}while(i&0x80= =0x80);
        _nop_();
        rw=0;
        P2=ppcode;            /*代码写入 */
        e=1;
        e=0;
}
/*****************************
* 屏数据写入      ddata:写入数据*
*     r=0,l=1,左;r=1,l=0,右;    *
*****************************/
void wdata(uchar ddata,r,l)
{   uchar i;
    if(r= =0x0001){ csb=1;}     /*左右屏输入 */
    else{csb=0;}
    if(l= =0x0001){csa=1;}
    else{csa=0;}
    id=0;
    rw=1;
    do{ P2=0x00;              /*液晶显示屏"忙"判断 */
        e=1;
        i=P2;
        e=0;}while(i&0x80= =0x80);
            _nop_();
        id=1;
        rw=0;
        P2=ddata;            /*代码写入 */
        e=1;
        e=0;
}
/*****************************
```

```
* 屏初始化                      *
*******************************/
void cshxsp()
{pcode(0x3f,0x01,0x00);
 pcode(0x3f,0x00,0x01);
 pcode(0xc0,0x01,0x00);
 pcode(0xc0,0x00,0x01);
}
/*****************************
* 屏寻址                      *
*******************************/
void dz(uchar address1,address2, r,l)
{pcode(address1,r,l);
 pcode(address2,r,l);
}
/*****************************
* 清屏                        *
*******************************/
void clear()
{
uchar i,j,m;
for(j=0;j<8;j++)
    {
        m=j|0xb8;
        dz(m,0x40,0x01,0x00);
        dz(m,0x40,0x00,0x01);
        for(i=0;i<64;i++)
            {
                wdata(0x00,0x01,0x00);
                wdata(0x00,0x00,0x01);
            }
    }
}
/*****************************
* 数字显示 8*8                *
*******************************/
void szxs(uchar address1,address2, r,l,n)
{uchar i;
 uint  bz;
 bz=0x0008*(n);
 dz(address1,address2, r,l);        /*寻址*/
 for(i=0;i<8;i++)
    {wdata(hzdot[bz+i],r,l);}   /*写入 8 组代码*/
}
/*****************************
* 文字显示 16*16               *
```

```
**********************************/
void wzxs(uchar address1,address2, r,l,n)
{uchar i;
 uint   bz;
 bz=0x0020*(n-1);
 dz(address1,address2, r,l);
 for(i=0;i<16;i++)
      {wdata(wzdot[bz+i],r,l);}
 dz(address1+1,address2, r,l);
 for(i=0;i<16;i++)
      {wdata(wzdot[bz+0x0010+i],r,l);}
}
/********************************
* 分位 1                          *
********************************/
void fw1(float shuju)
     {
           xsh[1]=shuju/10;
           xsh[0]=shuju-xsh[1]*10;
     }
void hy()
{uchar h, w,k,l,m,n,q;

  for(q=0;q<2;q++)
{ for(w=0;w<8;w++)
 {k=0x40+w*0x10;


   l=0x40+w*0x10+0x10;
   h=0x40+w*0x10-0x10;

  if(k<0x80){m=0,n=1; wzxs(0xb8,k,m,n,1);}
 else   if(k<0xc0){k=k-0x40;m=1,n=0;wzxs(0xb8,k,m,n,1);}
 else{}
  if(l<0x80){m=0,n=1; wzxs(0xb8,l,m,n,2);}
 else if(l<0xc0){l=l-0x40;m=1,n=0;wzxs(0xb8,l,m,n,2);}
  else{}
  if(h<0x80){m=0,n=1; wzxs(0xb8,h,m,n,8);}
 else if(h<0xc0){h=h-0x40;m=1,n=0;wzxs(0xb8,h,m,n,8);}
  else{}

 delay(20000);
 delay(20000);


 }
 clear();}
```

```
   }
/*****************************
* zhm *
*****************************/
void zhuhm()
{
 if(gate= =0)
    {wzxs(0xb8,0x40,0x00,0x01,3);
     wzxs(0xb8,0x50,0x00,0x01,5);}
 if(gate= =1)
    {wzxs(0xb8,0x40,0x00,0x01,3);
     wzxs(0xb8,0x50,0x00,0x01,4);}
     wzxs(0xba,0x40,0x00,0x01,6);
     wzxs(0xba,0x50,0x00,0x01,7);
     szxs(0xbb,0X60,0X00,0X01,18);

     fw1(fen);
     szxs(0xbb,0X68,0X00,0X01,xsh[1]);
     szxs(0xbb,0X70,0X00,0X01,xsh[0]);
     szxs(0xbb,0X78,0X00,0X01,21);
     fw1(miao);
     szxs(0xbb,0X40,0X01,0X00,xsh[1]);
     szxs(0xbb,0X48,0X01,0X00,xsh[0]);


 }

void dj()
{uchar i;
 for(i=0;i<4;i++)
              {

                   P0=zz[i];
                   delay(1000);
              }
}
void djtz()
{P0=0x00;

}
void keyzh()                      //键盘扫描
    {

       P1=0x0f;
       delay(10);
```

```
        if(P1!=0x0f)          //P1.0~P1.3 作为行线
      {temp=P1;
      switch(temp&0x0f)
              {
              case 0x0e:hang=0;break;
              case 0x0d:hang=1;break;
              case 0x0b:hang=2;break;
              case 0x07:hang=3;break;

              }
              }
    if(P1= =0x0f) {key=16;}


   P1=0xf0;
    delay(10);
    if(P1!=0xf0)          //有按键按下,相应的位变为低电平
   { delay(5);
      if(P1!=0xf0)        //P1.4~P1.7 作为行线
   {temp=P1;
          switch(temp&0xf0)
              {
              case 0xe0:lie=0;break;
              case 0xd0:lie=1;break;
              case 0xb0:lie=2;break;
              case 0x70:lie=3;break;

              }

              }
          if(P1= =0xf0) {key=16;}
   }

        key=hang*4+lie;

  }
   void key1()
{temp=P3;
        delay(5);
        switch(temp&0x01)
              {
              case 0x01:gate=1;break;
              case 0x00:gate=0;break;


              }
```

```
}
 /**********************************************************

函数名称:定时器0
函数功能:
入口参数:
出口参数:
备 注:
***********************************************************/


void timer0() interrupt 1
{
 TR0=0;
 TF0=0;
   TH0=(65536-50000)/256;
   TL0=(65536-50000)%256;
   jsz=jsz+1;
   if(jsz= =20)

   {jsz=0;
     miao=miao-1;
    if(miao= =255)
        {if(fen= =0){ ET0=0;
                      yunx=3;
                      miao=0;
                      stop=1;
                        }
          if(fen!=0) {miao=59; fen=fen-1;}
          }
     }

 TR0=1;
}
/******************************
* 定时器2中断程序 *
******************************/
void timer2() interrupt 5
{
   TF2=0;
   TR2=0;
   beer=~beer;
   TL2=(65536-100)/256;
   TH2=(65536-100)%256;
   TR2=1;
 }

void main()
```

```c
{ gate=1;
  yunx=0;
  fen=0;
  miao=0;
  fzt=0;
  szt=0;
  f1=0;
  f2=0;
  m1=0;
  m2=0;
  jsz=0;
  TH0=(65536-50000)/256;
  TL0=(65536-50000)%256;
  TMOD=0x01;
  EA=1;
  ET0=1;
  TL2=(65536-100)/256;
   TH2=(65536-100)%256;
  IE=0Xa2;
  T2CON=0X04;
  TR2=0;
  i1=0;

  djzt=0;
  jr=0;
  beer=1;
  clear();
  cshxsp();
  hy();
  delay(50000);

  clear();
   while(1)

  { key1();
  if( gate= =0)
    {
  if(stop= =1){TR0=0;TR2=1;
                    yunx=3;
                    szt=0;
                    fzt=0;
                    djzt=0;
                    jr=0;}
      if(djzt= =1)
        { P0=zz[i1];
            i1=i1+1;
```

```
        if(i1= =4){i1=0;}}
if(djzt= =0){djtz();}

if(beerzt= =1){TR2=1;}

 keyzh();
 if(key= =10)
    {if(fzt= =0){fzt=1;szt=0;}}

  if(key= =11)
     {if(szt= =0){szt=1;fzt=0;}}
   if(key= =15)
   {delay(1000);
    keyzh();
    if(key= =15){
    sw=sw+1;
    if(sw= =2){sw=0;}}

            delay(15000);
    }

 if(key= =12)
     {if(fen|miao!=0)
     {yunx=1;
     TR0=1;
     ET0=1;
     djzt=1;
     jr=1;}

     }
 if(key= =13)
    {ET0=0;
     yunx=2;
     jr=0;
     djzt=0;}
 if(key= =14)
    {yunx=3;
    ET0=0;
            stop=0;
    TR2=0;
    szt=0;
    fzt=0;
    fen=0;
    f1=0;
    f2=0;
    miao=0;
```

```
                    m1=0;
                    m2=0;
                    jr=0;
                    djzt=0;
                    sw=0;}

        if(key<=9)
        { if(yunx= =0) {if(fzt= =1){switch(sw)
                              {
                                  case 0:if(key<6){f1=key;}
                                          break;
                                  case 1:f2=key;break;
                                          }
                                                }
                                    if(szt= =1){switch(sw)
                              {
                                  case 0:if(key<6){m1=key;}
                                          break;
                                  case 1:m2=key;break;
                                          }
                                                }

                                    fen=f1*10+f2;
                                    miao=m1*10+m2;}
            if(yunx= =3) {if(fzt= =1){switch(sw)
                              {
                                  case 0:if(key<6){f1=key;}
                                          break;
                                  case 1:f2=key;break;
                                          }
                                                }
                                    if(szt= =1){switch(sw)
                              {
                                  case 0:if(key<6){m1=key;}
                                          break;
                                  case 1:m2=key;break;
                                          }
                                                }

                                    fen=f1*10+f2;
                                    miao=m1*10+m2;}
                }
        zhuhm();
         }
        else {gate=1;
               yunx=0;
```

```
                   fen=0;
                   miao=0;
                   fzt=0;
                   szt=0;
                   f1=0;
                   f2=0;
                   m1=0;
                   m2=0;
                   jsz=0;
                   i1=0;
                   djzt=0;
                   jr=0;
                   beer=1;
                   ET0=0;
                   TR2=0;

                   zhuhm();}
            }
       }
```

附录 A 虚拟实验室的构建

目前，在全国大多数院校中单片机教学实训场所主要倾向于虚拟实验室的构建，即在实训场所配置一定数量的计算机、编程器、常用焊接工具、电子测量仪器和搭建电路所需的元器件及多孔焊接板等。首先在计算机上安装单片机仿真、编程所需要的 Proteus 和 Keil C 软件，然后将符合设计要求的电路绘制在仿真软件中，并利用编程软件进行编程调试。将调试成功的仿真电路用实物元器件在多孔板上搭建出来（复杂电路可以直接送 PCB 制板商加工），再用编程器将调试成功的程序烧写到单片机芯片中，最后将已烧好的芯片安插到电路中进行实物调试，直至达到理想效果。

一、电脑配置

建议用于单片机仿真的电脑配置为：450MB 的硬盘剩余空间、586 以上的 CPU、256MB 以上的内存；操作系统版本可以为 Windows XP。

二、仿真软件和编程软件的安装

1．Proteus7.5 SP3 中文版的安装

（1）从安装目录中找到 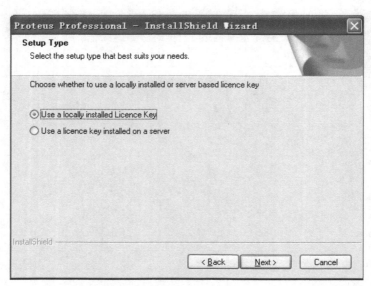 图标，双击开始安装。

（2）在"Proteus Professional-InstallShield Wizard"对话框中单击"Next"按钮后，再单击"Yes"按钮。

（3）当出现图 A-1 所示界面时，先选择"Ues a lo cally installed Licence Key"，再单击"Next"按钮。

图 A-1

（4）在随后出现的窗口中（见图 A-2）继续单击"Next"按钮。

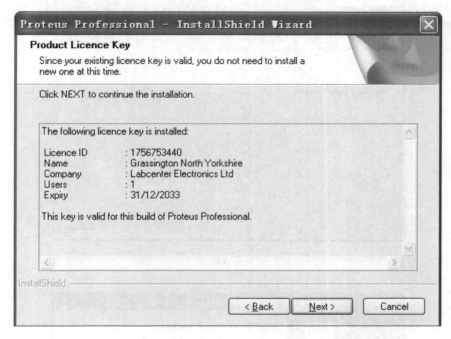

图 A-2

（5）当出现图 A-3 所示界面时，选择好程序安装的路径后，单击"Next"按钮开始安装，直至完成（见图 A-4 和图 A-5）。

图 A-3

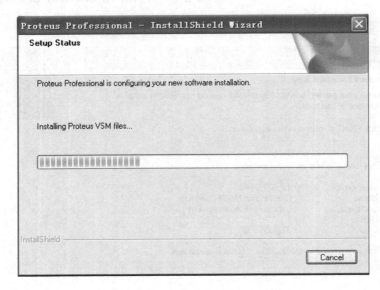

图 A-4

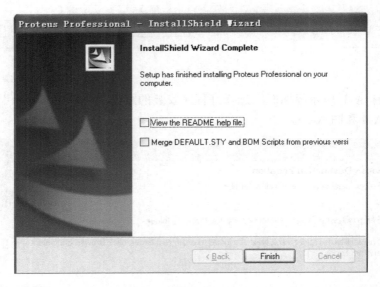

图 A-5

（6）将汉化包里面的两个文件（见图 A-6）覆盖到安装目录的 bin 文件夹下，实现软件汉化。

 ARES.DLL
7.5.1.6520
ARES PCB Layout

 ISIS.DLL
7.5.1.6534
ISIS Schematic C...

图 A-6

（7）在安装破解包中找到 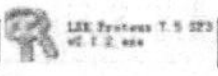 图标的程序并双击。

（8）在随后出现的窗体中（见图 A-7），选择与安装程序相一致的路径，然后单击右下角的"Update"按钮更新至完成，至此 Proteus 7.5 SP3 中文版完全安装成功，可以运行程序了！

图 A-7

2．Keil μVision3 安装

（1）从安装目录中找到 📄 文件，双击开始安装。

（2）当出现图 A-8 时，选中"I agree to……"复选框，然后单击"Next"按钮。

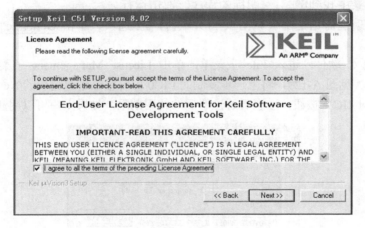

图 A-8

（3）在图 A-9 中选择安装路径后，继续单击"Next"按钮。

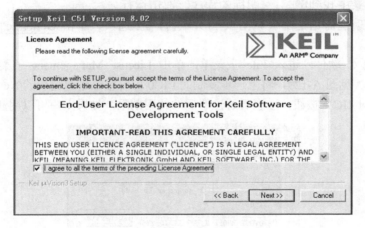

图 A-9

（4）在如图 A-10 所示的文本窗中，任意填写几个字母，再单击 Next 按钮，直至安装完成。

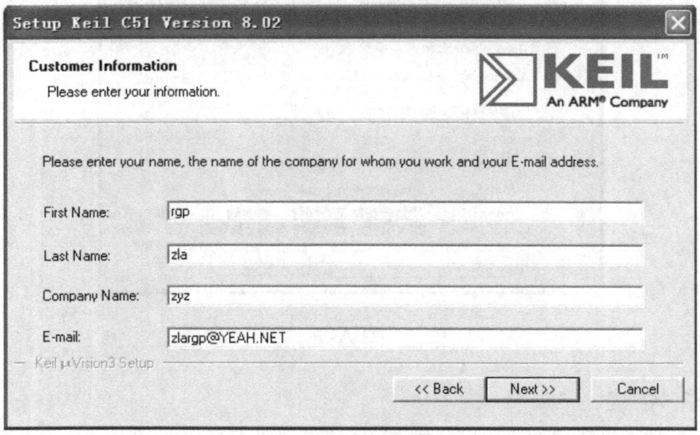

图 A-10

（5）从安装目录中找到  图标的程序，双击运行。

（6）在随后出现的对话框中（见图 A-11），选择 V2 选项，单击 Generate 按钮生成 LICO 代码，并复制该代码。

（7）运行 Keil C 软件，进入 File 主菜单，单击 License Management 子菜单，打开"License Management"窗口（见图 A-12），将上一步复制的 LIC0 内容粘贴到该窗口的 New License ID Code 中，然后单击"Add LIC"按钮，注意看看注册后的使用期限，如果太短可以用注册机重新生成。

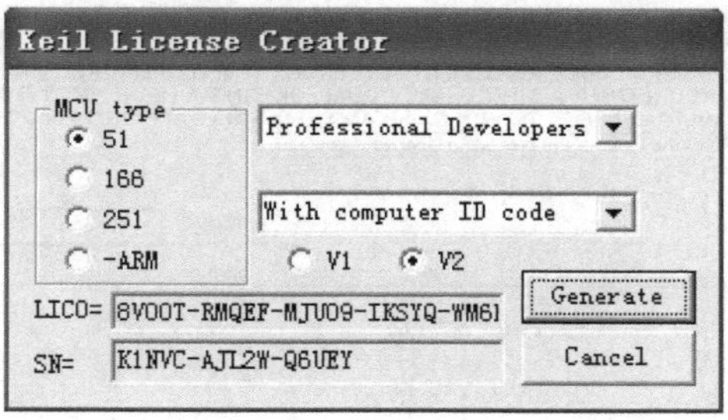

图 A-11

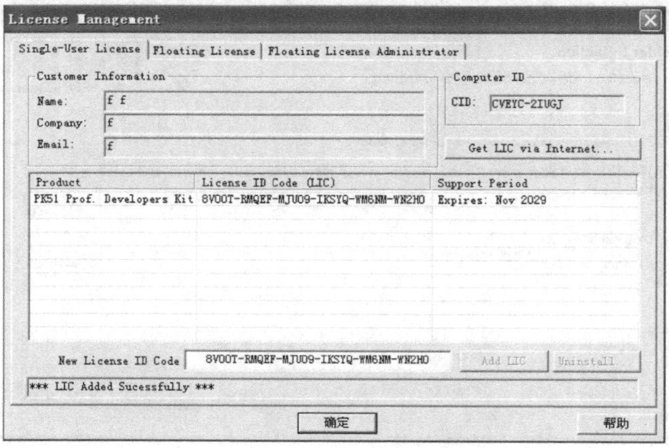

图 A-12

三、单片机仿真和编程软件的使用方法

【例 A-1-1】　点亮接在 P1.0 口的 LED。

第一步：电路连接。

（1）双击 PROTEUS 程序图标进入硬件设计环境。

（2）单击左边 P 图标（见图 A-13）打开元器件选择对话框。

（3）在该对话框的左上角的文本框中输入想要的元件名，本例中输入如下几个元件：

　　AT89C51——51 单片机　　　　CAP——无极性电容　　　CAP-ELEC——有极性电容

　　CRYSTAL——晶振　　　　　　RES——电阻　　　　　　　LED-YELLOW——黄色 LED

（4）在其右出现的元件清单中找到该元件。

（5）双击该元件将其添加到当前元件清单列表中。

（6）选完所有需要的元件后，关闭该对话框。

（7）再在工作区中放置必要的电源和接地符号。方法是先打开电源接地清单（见图 A-13），单击电源 POWER，以及接地 GROUND，将它们放到界面上合适的位置。

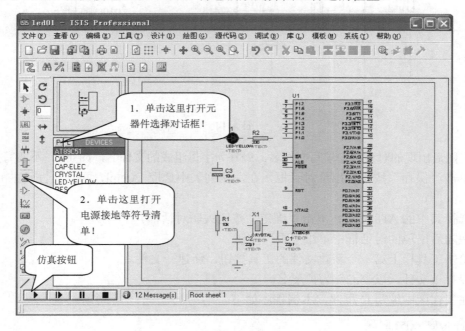

图 A-13

（8）所有器件都放置完后，用导线连接（见图 A-14）。连接的方法是以某个元件的一端为起点，另一元件的一端为终点，在起点和终点分别单击鼠标左键，这样两元件就被导线连接起来。

（9）接下来要给相应元件的属性设置合适的参数，例如，晶振 CRYSTAL 用 12MHz，限流电阻 RES 用 330Ω等，打开元件属性对话框的方法是双击此元件。

（10）至此电路连接完成，单击"保存"按钮保存文件。

第二步：程序编写。

（1）双击 Keil C 程序图标进入编程状态。

（2）执行"Project→New Project"菜单命令。

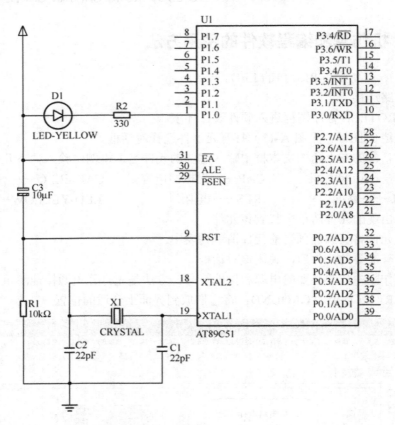

图 A-14

（3）在随后出现的对话框中填写文件名，最好为字母组成的文件名，如 test，不要写扩展名。

（4）单击"保存"按钮后出现对话框，在左侧列表中选取 Ateml，再单击左边的±号打开子清单。

（5）选择其中的 AT89C51，单击"确定"按钮关闭对话框。

（6）在随后出现的对话框中单击"否"按钮。

（7）单击工具栏上第一个新建文件的工具按钮，新建一文件。

（8）保存该文件，以".C"为扩展名。

（9）在工作区中编写 C 程序，本例程序如下。

```c
#include "reg51.h"
sbit P1_0=P1^0;

void main()
{
P1_0=0;
}
```

（10）保存编写好的程序。

（11）打开左侧列表框中的"Target 1"出现"Source Group 1"（见图 A-15）。

（12）在"Source Group 1"上右击打开快捷菜单。

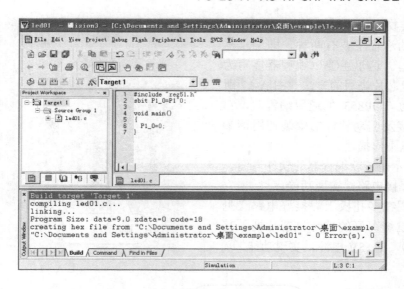

图 A-15

（13）单击倒数第四个子菜单项"Add Files to Group'Source Group 1'"。

（14）选中"Targer 1"，右击，打开其子菜单。

（15）单击第二项"Options for Target' Target 1'，在弹出的对话框中选择"Output"选项卡。

（16）选择"Create HEX File"，单击"确定"按钮关闭对话框。

（17）单击工具栏上的工具图标 📖，编译生成 HEX 文件。

（18）若编译有错，重新检查程序，否则编译成功。

第三步：仿真程序、检查设计效果。

返回到第一步已设计好的硬件电路状态，双击单片机元件，打开其属性对话框，将第二步程序编写阶段已编译正确的 HEX 文件导入其中（见图 A-16），关闭属性对话框。然后单击 Proteus 仿真按钮（见图 A-13），检查设计效果！

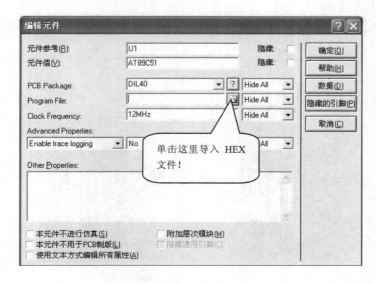

图 A-16

第四步：实物芯片烧写。

烧写芯片的途径主要有两种，即编程器烧写和在线烧写。这里主要以编程器烧写为主，介绍单片机芯片烧写的方法。图 A-17 所示是一款型号为 TOP853 的通用编程器，它与计算机的连接及驱动软件的安装使用请参照说明书，这里不作描述。

图 A-18 所示是该款编程器的软件界面。

第五步：焊接电路，实现功能。

根据电路图在多孔板上焊接好电路（见图 A-19），将已烧写好的单片机芯片插入其中（见图 A-20），通+5V 电源，实现功能。

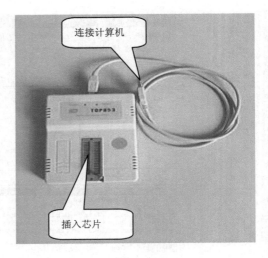

图 A-17

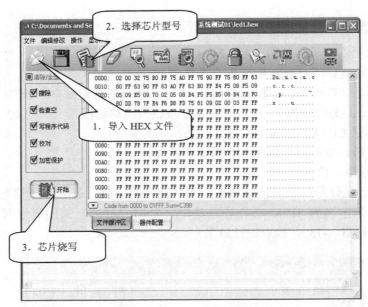

图A-18

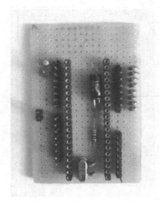

图A-19

图A-20

附录 B Proteus 常用元器件中英文对照

单片机类
AT89C51	AT89C51 型单片机
AT89C52	AT89C52 型单片机
AT89C1051	1051 型单片机
AT89C2051	2051 型单片机
AT89C4051	4051 单片机
AT89C51.BUS	总线简化型 AT89C51 单片机
AT89C52.BUS	总线简化型 AT89C52 单片机
ATMEGA16	AVR 单片机
PIC10F200	PIC 单片机

晶振类
CRYSTAL	晶振

电容类
CAP	无极性电容
CAP-ELEC	有极性电容
CAP-VAR	可调电容

电阻类
RES	电阻
RES-VAR	可调电阻
POT-LIN	线性交互性电位器
RESPACK-8	单列直插排阻
RES16DIPIS	双列直插排阻
RX8	8 排阻
PULLUP	上拉电阻
PULLDOWN	下拉电阻

二极管类
LED	发光二极管
LED-GREEN/RED/BLUE/YELLOW	绿色/红色/蓝色/黄色发光二极管
BRIDGE	整流桥

数码管类
7SEG-BCD	BCD 码输入型红光数码管
7SEG-BCD-BLUE/GRN	BCD 码输入型蓝光/绿光数码管
7SEG-COM-AN-BULE/GRN	7 段共阳蓝光/绿光数码管
7SEG-COM-ANODE	7 段共阳红光数码管
7SEG-COM-CAT-BLUE/GRN	7 段共阴蓝光/绿光数码管

7SEG-COM-CATHODE	7 段共阴红光数码管
7SEG-MPX2-CA	7 段双位共阳数码管
7SEG-MPX2-CC	7 段双位共阴数码管
7SEG-MPX4-CA	7 段四位共阳数码管
7SEG-MPX4-CC	7 段四位共阴数码管
7SEG-MPX6-CA	7 段六位共阳数码管
7SEG-MPX6-CC	7 段六位共阴数码管
7SEG-MPX8-CA-BLUE	7 段八位共阳数码管
7SEG-MPX8-CC-BLUE	7 段八位共阴数码管

液晶点阵类

LM016L	1602 液晶
AMPIRE128X64	128×64 液晶
MATRIX-8X8-GREEN	8×8 绿光点阵屏

晶体管类

NPN	NPN 型三极管
PNP	PNP 型三极管
IRF530	N 沟道 MOS 管
IRF9530	P 沟通 MOS 管

按钮开关类

BUTTON	按钮
SWITCH	开关
SW-SPDT	单刀双掷开关
RELAY	继电器
OPTOCOUPLER-NPN	光耦

键盘类

KEYPAD-CALCULATOR	计算器键盘
KEYPAD-PHONE	电话机键盘

电声器件类

SPEAKER	扬声器
SOUNDER	数字音响
BUZZER	蜂鸣器

仪器仪表类

OSCILLOSCOPE	示波器
COUNTER TIMER	频率计
LOGIC ANALYSER	逻辑分析仪
VIRTUAL TERMINAL	虚拟终端
I2C DEBUGGER	I2C 调试器
SPI DEBUGGER	SPI 调试器
SIGNAL GENERATOR	信号发生器
PATTERN GENERATOR	模拟发生器

DC VOLTMETER	直流电压表
DC AMMETER	直流电流表
AC VOLTMETER	交流电压表
AC AMMETER	交流电流表
接口芯片类	
ADC0804	模/数转换芯片
ADC0808	模/数转换芯片
DAC0808	数/模转换芯片
DAC0832	数/模转换芯片
MAX232	RS-232 收发器
COMPIM	串口模型
8255A	扩展并行口芯片
74LS138	3-8 译码器
74LS47	4-7 译码器
74LS373	8D 锁存器
74HC595	带锁存的串入并出的移位寄存器
24C04A	串行 EEPROM 存储器
6264	SRAM 存储器
OPAMP	运放
ULN2003A	运放
AND	与门
OR	或门
NOT	非门
NAND	与并门
DS1302	时钟芯片
DS18B20	温度传感器
555	555 定时器
电机类	
MOTOR-STEPPER	单极性步进电动机
MOTOR-DC	直流电机

附录 C 单片机 C 语言编程规则

一、单片机 C 语言编程规则

C 语言编程在满足目的的前提下，希望程序能很容易地被别人读懂，或者能够很容易地读懂别人的程序，在团体合作开发中就能起到事半功倍之效。因此，为了便于源程序的交流，减少合作开发中的障碍，对于单片机 C 语言编程，应该遵守一定的规则。

下面通过一个实例来介绍 C 语言的结构特性及编程规范。

例如，让接在 P1.0 脚上的 LED 闪烁不断。

```
#include   "reg51.h"
#define uchar unsigned char
#define uint unsigned int
sbit P1_0=P1^0;

/***********************************************
延时子程序
***********************************************/
void Delay(uint x)
{
uint i;
    while (x--)
    {
for(i=0;i<120;++);
    }
}

void main()
{
    P1_0=1;
while(1)
    {
        P1_0=! P1_0;              // P1.0 引脚电平取反
        Delay(1000);
    }
}
```

从这个例子中，可以看出：

（1）C 语言程序由函数和定义语句构成。一个 C 程序有且只有一个名为 main() 的主函数和若干个普通函数。函数的主体内容用大括号括起来。无论 main() 主函数放置在程序的任何位置，C 程序总是从 main() 主函数开始执行。

（2）C 语言程序一行可以写多条语句，一条语句也可以写在多行内。每条语句都以分号结束。

（3）C 语言的常量的命名一般用大写；变量名要区分大小写，如 Kcode 和 kcode 是两个不同的变量。在 C 语言中，关键字不能用做变量名。变量名加前缀，前缀反映变量的数据类型，用小写，反映变量意义的第一个字母大写，其他小写。

其中，变量数据类型：

unsigned char 前缀为 uc；signed char 前缀为 sc；

unsigned int 前缀为 ui；signed int 前缀为 si；

unsigned long 前缀为 ul；signed long 前缀为 sl；

bit 前缀为 b；指针 前缀为 p。

如 ucReceivData 为接收数据。

（4）为了增强 C 语言的可阅读性，常常对程序中的关键语句添加注释。注释的字符若只有一行，则可以由"//"引导；若有多行，则由"/*"开始，"*/"结束。对于某些大型程序，注释内容一般包括公司名称、版权、作者名称、修改时间、程序功能、背景介绍等，复杂的算法需要加上流程说明等。例如：

```
/*******************************************************************/
/*公司名称: */
/*模 块 名:LCD 模块   LCD 型号: 点阵 128*64 */
/*创 建 人:zlargp        日期: 2011-09-01 */
/*修 改 人: alpha        日期: 2011-10-01 */
/*功能描述: */
/*其他说明: */
/*版 本:
/*******************************************************************/
```

（5）书写 C 程序时，要做到层次分明，特别是左右配对的大括号要在垂直方向上对齐，内层配对大括号要比外层配对大括号在首行缩进上距离大一些，缩进以 Tab 为单位，一个 Tab 为四个空格大小。

（6）设计 C 语言程序时，要遵循模块化程序设计思想，将程序中经常要用到的某些特定的功能编写成函数、子程序或头文件，需要使用时直接调用即可。如上例中的延时子程序就是这种情况。对于一些需要添加注释的函数，其注释内容主要包括函数名称、功能、说明 输入、返回、函数描述、流程处理、全局变量、调用样例等，复杂的函数需要加上变量用途说明；一目了然的函数可不加注释或简单注释。

二、单片机 C 语言编程常用语句

1. C 语言基础语句

从程序流程的角度来看，程序可以分为三种基本结构， 即顺序结构、分支（选择）结构、循环结构。这三种基本结构可以组成所有的各种复杂程序。C 语言提供了多种语句来实现这些程序结构。

1）C 程序的语句

C 程序的执行部分是由语句组成的。 程序的功能也是由执行语句实现的。C 语句可分为以下五类：

（1）表达式语句。

（2）函数调用语句。

（3）控制语句。

（4）复合语句。

（5）空语句。

2）表达式语句

表达式语句由表达式加上分号"；"组成。其一般形式为"表达式；"，执行表达式语句就是计算表达式的值。

例如，x=y+z；a=520； 赋值语句；

y+z；加法运算语句，但计算结果不能保留，无实际意义；

i++；自增 1 语句，i 值增 1。

i++；是先运算 i 后再加 1。

++i；是先把 i 值增 1 后运算。

3）函数调用语句

由函数名、实际参数加上分号"；"组成。其一般形式为"函数名（实际参数表）；"，执行函数语句就是调用函数体并把实际参数赋予函数定义中的形式参数，然后执行被调函数体中的语句，求取函数值。调用库函数，输出字符串。

4）控制语句

控制语句用于控制程序的流程，以实现程序的各种结构方式。它们由特定的语句定义符组成。C 语言有九种控制语句。可分成以下三类。

（1）条件判断语句：

if 语句、switch 语句。

（2）循环执行语句：

do while 语句、while 语句、for 语句。

（3）转向语句：

break 语句、goto 语句（此语句尽量少用，因为这不利结构化程序设计，滥用它会使程序流程无规律、可读性差）、continue 语句、return 语句。

条件判断

```
int a,b;
if(x>y)
printf("x,\n");
else
printf("y,\n");
```

5）复合语句

把多个语句用括号{}括起来组成的一个语句称复合语句。在程序中应把复合语句看成单条语句，而不是多条语句，例如：

```
{
x=y+z;
a=b+c;
printf("%d%d", x, a);
}
```

　　就是一条复合语句。复合语句内的各条语句都必须以分号";"结尾；此外，在括号"}"外不能加分号。

　　6）空语句

　　只有分号";"组成的语句称为空语句。空语句是什么也不执行的语句。在程序中空语句可用来作空循环体。

　　例如，while(getchar()!='\n'); 本语句的功能是，只要从键盘输入的字符不是回车则重新输入。这里的循环体为空语句。

　　2. C 语言的关键字

　　C 语言的关键字共有 32 个，根据关键字的作用，可分其为数据类型关键字、控制语句关键字、存储类型关键字和其他关键字四类。

　　1）数据类型关键字（12 个）

　　char（character 字符型），double（双精度浮点型），enum（自定义枚举类型），float（单精度浮点型），int（整型），long（长整型），short（短整型），signed（有符号），struct（结构型），union（联合体），unsigned（无符号），void（无返回型）。

　　（1）char：声明字符型变量或函数。

　　（2）double：声明双精度变量或函数。

　　（3）enum：声明枚举类型。

　　（4）float：声明浮点型变量或函数。

　　（5）int：声明整型变量或函数。

　　（6）long：声明长整型变量或函数。

　　（7）short：声明短整型变量或函数。

　　（8）signed：声明有符号类型变量或函数。

　　（9）struct：声明结构体变量或函数。

　　（10）union：声明共用体（联合）数据类型。

　　（11）unsigned：声明无符号类型变量或函数。

　　（12）void：声明函数无返回值或无参数，声明无类型指针（基本上就这三个作用）。

　　2）控制语句关键字（12 个）

　　break（中断），case（当……情况时），continue（继续），default（默认），do（做），else（否则），for（对于……，循环开始），goto（转向），if（如果），return（往返），switch（开关，开关语句开始），while（当，当型循环）。

　　（1）A 循环语句。

　　① for：一种循环语句。

　　② do：循环语句的循环体。

　　③ while：循环语句的循环条件。

　　④ break：跳出当前循环。

　　⑥ continue：结束当前循环，开始下一轮循环。

　　（2）条件语句。

　　① if：条件语句。

　　② else：条件语句否定分支（与 if 连用）。

　　③ goto：无条件跳转语句。

（3）开关语句。

① switch：用于开关语句。

② case：开关语句分支。

③ default：开关语句中的"其他"分支。

（4）返回语句。

return：子程序返回语句（可以带参数，也看不带参数）

3）存储类型关键字（4 个）

auto（自动），extern（外部），register（寄存），static（静态）。

（1）auto：声明自动变量，一般不使用。

（2）extern：声明变量是在其他文件中声明（也可以看做引用变量）。

（3）register：声明积存器变量。

（4）static：声明静态变量。

4）其他关键字（4 个）

const（常数），sizeof（存放字节数运算符），typedef（定义……为……型），volatile（非静态）。

（1）const：声明只读变量。

（2）sizeof：计算数据类型长度。

（3）typedef：用于给数据类型取别名。

（4）volatile：说明变量在程序执行中可被隐含地改变。

3．C 语言中的 9 种控制语句

goto	无条件跳转语句
if()…else()…	条件分支语句
while()…	循环控制语句
do…while()	循环控制语句
for()…	循环控制语句
break	终止 switch 或循环语句
continue	结束本次循环语句
switch	多分支选择语句
return	从函数返回语句

4．C 语言的 34 种运算符

C 语言的运算符可分为以下几类：

（1）算术运算符：用于各类数值运算，包括加（+）、减（-）、乘（*）、除（/）、求余（或称模运算，%）、自增（++）、自减（--）共 7 种。

（2）关系运算符：用于比较运算，包括大于（>）、小于（<）、等于（==）、大于等于（>=）、小于等于（<=）和不等于（!=）6 种。

（3）逻辑运算符：用于逻辑运算，包括与（&&）、或（||）、非（!）三种。

（4）位操作运算符：参与运算的量，按二进制位进行运算，包括位与（&）、位或（|）、位非（~）、位异或（^）、左移（<<）、右移（>>）6 种。

（5）赋值运算符：用于赋值运算，分为简单赋值（=）、复合算术赋值（+=,-=,*=,/=,%=）和复合位运算赋值（&=,|=,^=,>>=,<<=）三类共 11 种。

（6）条件运算符：这是一个三目运算符，用于条件求值（?:）。

（7）逗号运算符：用于把若干表达式组合成一个表达式（,）。

（8）指针运算符：用于取内容（*）和取地址（&）二种运算。

（9）求字节数运算符：用于计算数据类型所占的字节数（sizeof）。

（10）特殊运算符：有括号()，下标[]，成员（→，.）等几种。

反侵权盗版声明

电子工业出版社依法对本作品享有专有出版权。任何未经权利人书面许可，复制、销售或通过信息网络传播本作品的行为；歪曲、篡改、剽窃本作品的行为，均违反《中华人民共和国著作权法》，其行为人应承担相应的民事责任和行政责任，构成犯罪的，将被依法追究刑事责任。

为了维护市场秩序，保护权利人的合法权益，我社将依法查处和打击侵权盗版的单位和个人。欢迎社会各界人士积极举报侵权盗版行为，本社将奖励举报有功人员，并保证举报人的信息不被泄露。

举报电话：（010）88254396；（010）88258888
传　　真：（010）88254397
E-mail：　dbqq@phei.com.cn
通信地址：北京市万寿路 173 信箱
　　　　　电子工业出版社总编办公室
邮　　编：100036